神経をめぐる生物学

～AIを学ぶ第一歩～

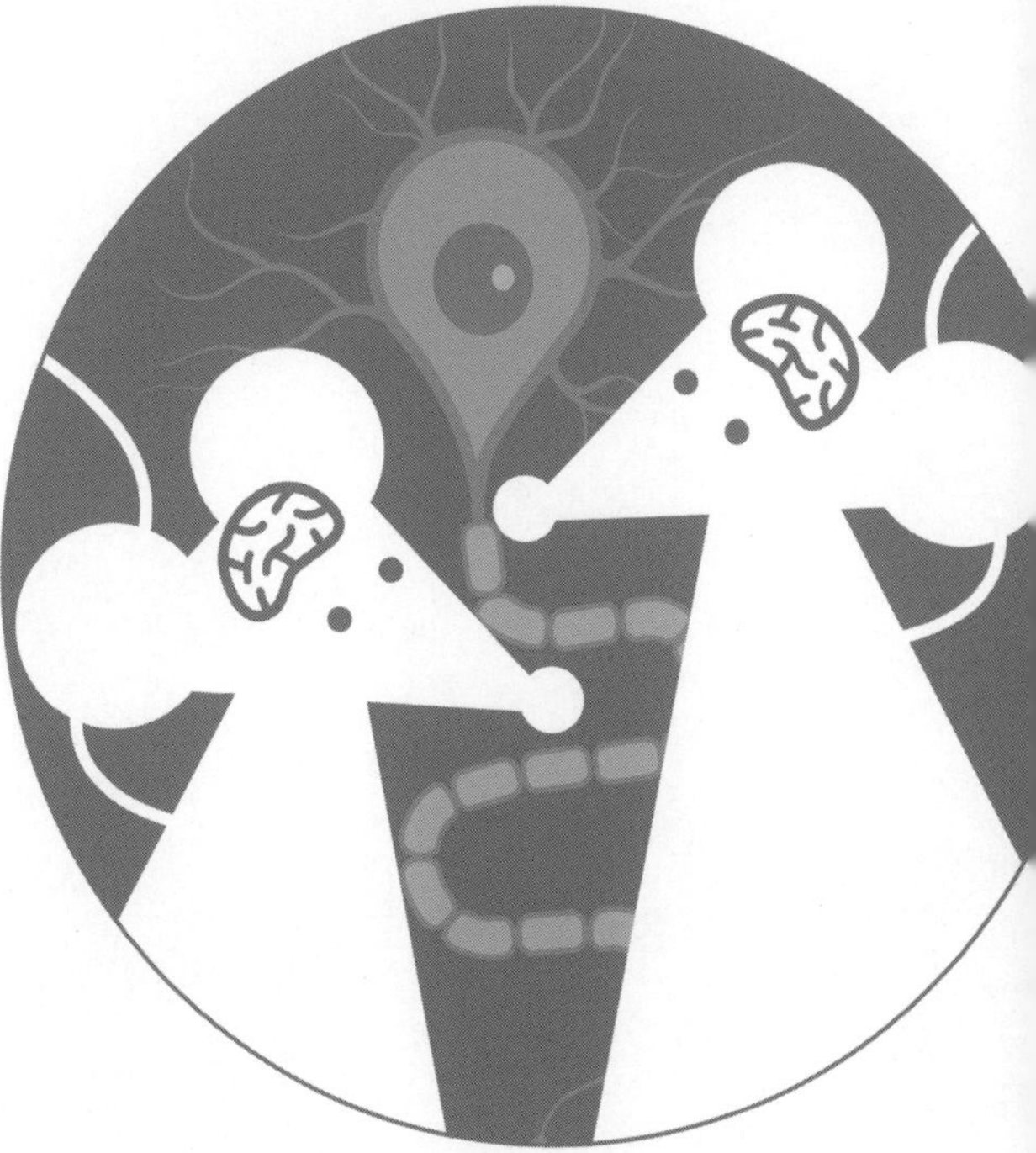

斎藤 徹 編著
by Toru R. Saito

アドスリー

はじめに

「わたしはぶどうの木、あなたがたはその枝である。人がわたしにつながっており、わたしもその人につながっていれば、その人は豊かに実を結ぶ。わたしを離れては、あなたがたは何もできないからである」（ヨハネによる福音書15：5）

「神経」とは、日常生活においてはどのようなイメージでしょうか？　激しく刺すような痛みの神経痛、冷たい水に歯が沁みる神経過敏症、あるいはこまごまと気に病む神経質な性格などが思い浮かぶことでしょう。

神経とは、「zenuw」オランダの訳語として、杉田玄白が『解体新書』で初めて用いた語と言われています。中枢の興奮を身体の各部に伝導し、または身体の各部からの刺激を中枢に伝導する線維が束になったもので、末梢に向かうにつれ分枝し、また吻合しながら細くなります。これが一般的に、意味するところの神経です。

中枢とは主要な部分、事物を制動する根本、中心という意味ですから、脳と脊髄を指します。末梢とはこずえ、はし、先端、末端ですから、皮膚、感覚器官、筋肉などを指します。

私たちの身体では、心臓、肺、胃腸、肝臓、腎臓などの多くの臓器が、血液循環、呼吸、消化・吸収、排泄などの役割を担っています。これらの臓器のはたらきは、脳を中心とした神経系によりコントロールされています。脳は、身体の外部からの刺激を感知し、外部の状況を判断し、身体全体に張りめぐらされた神経のネットワークにより、その状況に適した対応を身体全体に指示しています。また、恐ろしい敵に襲われそうな恐怖（fright）を感じたときは、その刺激が神経連絡により瞬時に筋肉に伝わり筋収縮が起こり、闘争（fight）、あるいは逃走（flight）という行動が生じます。ちなみに、これを情動行動の3Fとよびます。

最近、AIという言葉を見たり、聞いたりする機会が多くありませんか？　自動車の自動走行や、話しかけた内容を理解し、操作を実行してくれるスマート端末、チェスや将棋でプロとの対戦に勝利するコンピューターなど、AIが私たちの生活に身近になっ

てきています。

AIとは人工知能（artificial intelligenceの略語）で、推論・判断などの知的な機能を備えたコンピューターシステムのことです。1956年に、アメリカのマッカーシーが命名したと言われています。知識を蓄積するデータベース部、集めた知識から結論を引き出す推論部から構成されています。また、データベースを自動的に構築したり誤った知識を訂正したりする学習機能も備えています。

このような機能を持つAIとは、私たちの脳のしくみをモデル化したニューラルネットワークの最新技術と言えます。ヒトの脳は、ニューロン（神経細胞）とニューロンの間を結んで情報を伝えるシナプスから構成されています。ニューロンネットワークはそのニューロンとシナプスをモデル化して設計されたものです。

目覚ましい進化を続けるAIの未来は、人類の脅威となるのでしょうか？　従来、コンピューターは人間には勝てないと言われていた分野でも、次々と人間を上回る能力を見せつけています。AIの危険性について警鐘をならしている著名人も多くいます。たとえば、スティーブン・ホーキング博士は「AIの進化は人類の終焉を意味する」、イーロン・マスクは「AIは悪魔をよび出すようなもの」、そしてビル・ゲイツは「数年後、ロボットの知能は十分に発展すれば、必ず人間の心配事になる」とよびかけています。

本書では、AIをつくり出した人間の脳について、生物学的な側面からの解説を試みてみました。脳には何千億もの神経細胞が詰まっていて、複雑につながりあって情報を伝えています。脳の基本単位は神経細胞です。神経細胞が織りなす神経回路網がAIシステムに搭載されているのです。人間は〝考える葦〟として思考を止めず、AIと共存する豊かな未来を築き上げることでしょう。

第1章が「神経のしくみ」についての総論、第2章が「神経と筋肉のしくみ」、第3章が「神経と遺伝子のしくみ」についての各論ですが、読者の皆様が興味あるところから、どこからでも読み始めていただいて結構です。私たちの脳（神経細胞）を知っていただき、人工知能のはたらきに興味を持っていただければ幸いです。

最後に、本書の企画から編集の細部にわたりお世話になりました株式会社アドスリー代表取締役・横田節子氏、石井宏幸氏、三枝元樹氏に感謝します。

2020年 皐月

斎藤 徹

目次

はじめに …… 3
第1章　神経のしくみ …… 11
はじめに …… 12
神経系の進化 …… 14
神経系の構成 …… 15
1　中枢神経系 …… 16
2　末梢神経系 …… 19
（1）体性神経系 …… 21
（2）自律神経系 …… 23
神経の構造 …… 24
1　ニューロン …… 25
2　シナプス …… 25
3　有髄神経と無髄神経 …… 27
4　ニューロンの種類 …… 28
（1）感覚ニューロン …… 29
（2）介在ニューロン …… 29
（3）運動ニューロン …… 29
5　グリア細胞 glial cell …… 30

（1）オリゴデンドログリア oligodendroglia（乏突起グリア）……30
（2）アストログリア astroglia（星状グリア）……31
（3）ミクログリア microglia……31
神経の機能……31
1　ニューロンの興奮……32
2　神経線維の伝導速度……34
3　シナプス伝達……35
4　神経伝達物質の分類……36
（1）自律神経系の神経伝達物質……37
（2）自律神経系の受容体……39
5　神経伝達物質の生合成と代謝……41
（1）ノルアドレナリン（NA）とアドレナリン（Ad）の生合成と代謝……41
（2）アセチルコリン（ACh）の生合成と代謝……43

第2章　神経と筋肉のしくみ……45
はじめに……46
動きのしくみ……48
1　泳ぐ……48
2　歩く、走る……49
3　飛ぶ……50

筋肉のしくみ …… 51
1　筋肉の区分 …… 52
（1）骨格筋、心筋、平滑筋 …… 52
（2）随意筋、不随意筋 …… 53
2　筋肉の構造 …… 55
（1）骨格筋 …… 55
（2）平滑筋 …… 56
3　筋肉の収縮と弛緩 …… 57
4　神経筋接合部 …… 59
運動と行動のしくみ …… 61
1　体温調節行動 …… 63
2　捕食行動 …… 65
3　生殖行動 …… 66
（1）交尾行動 …… 68
（2）ロードーシス lordosis …… 69
（3）母性行動 maternal behavior …… 70
4　反射運動 …… 74

第3章　神経と遺伝子のしくみ …… **77**
はじめに …… 78

脳の構造とはたらき……79
神経細胞のはたらくしくみ……81
遺伝子の構造と自己複製……82
タンパク質の設計図としての遺伝子の機能……84
遺伝子改変動物の作製法……85
1　PCRによる目的遺伝子の増幅法……85
2　トランスジェニックマウス（遺伝子追加マウス）……87
3　ノックアウト（KO）マウス（遺伝子破壊マウス）……89
遺伝子操作により作製された頭の良いマウスと悪いマウス……91
食欲と遺伝子……94
1　食欲抑制ホルモン‐レプチン……95
2　食欲増強ホルモン‐グレリン……97
子育てホルモン‐プロラクチン……99
「信頼感」を強めるホルモン‐オキシトシン……101
熱心な子育ては子どもの遺伝子に刷り込まれた「母親の愛」の贈り物……103
iPS細胞による神経機能障害の再生医療……106
ゲノム編集‐革命的遺伝子改変技術……108
おわりに……111
著者紹介……113

第1章

神経のしくみ

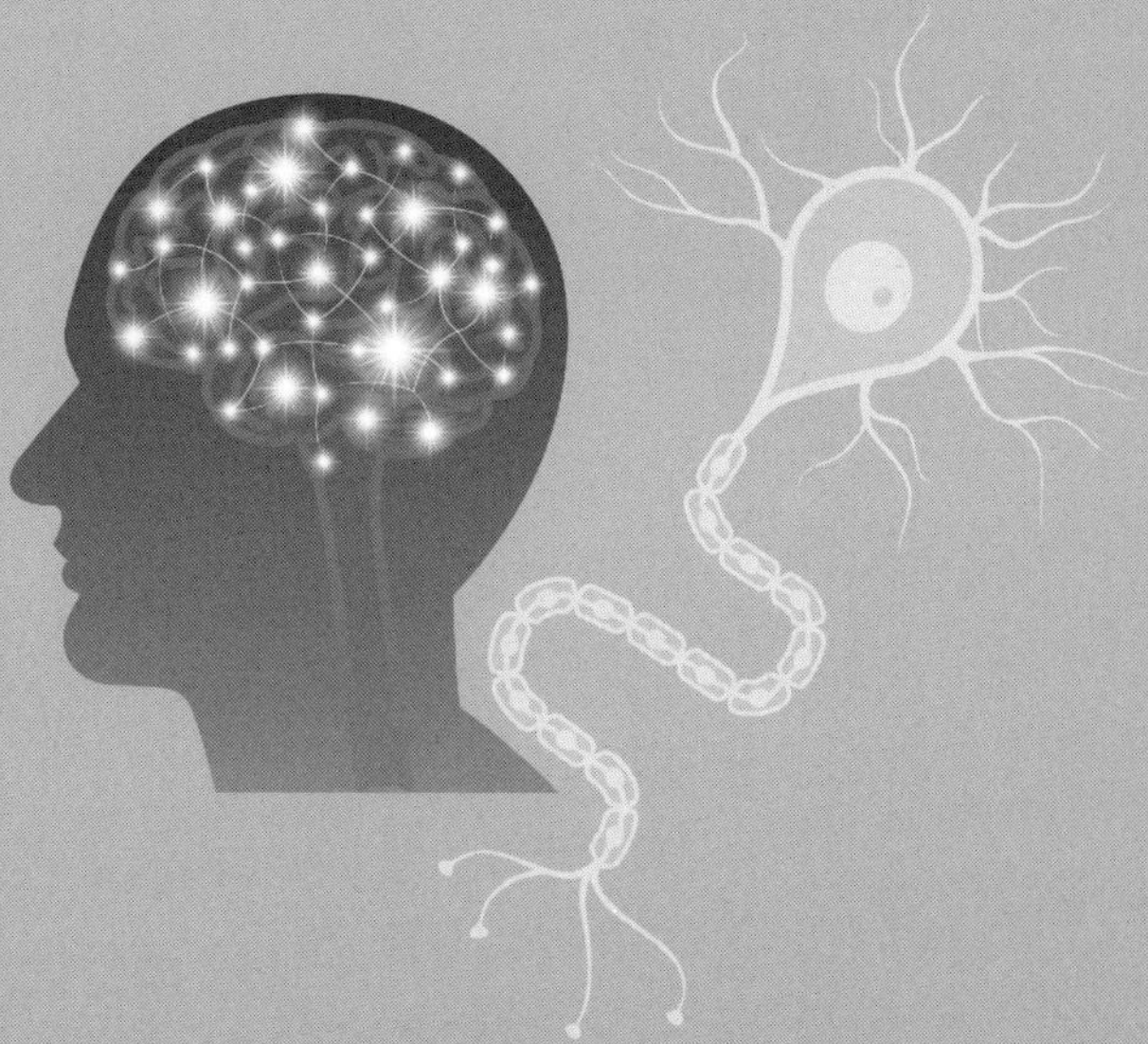

文 彰鍾
全南大学校獣医科大学教授
斎藤 徹
日本獣医生命科学大学名誉教授

はじめに

まずは、神経細胞の不思議な形に心を奪われて脳の探究に乗り出した、スペインの星ラモニ・カハールの功績の紹介から始めましょう。

神経細胞の染色で大きな役割を果たしたのは、イタリアの病理学者カミロ・ゴルジ（1843〜1926年）が開発したゴルジ染色でした。ゴルジ染色とは、神経組織の鍍銀染色法の1つで、神経細胞や神経線維を染色するものです。ゴルジはこの染色法で脳を研究して、以前にドイツ人ゲルラッハが提唱した「網状説」を強く支持しました。この説は、脳のなかでは神経線維は互いにつながってネットワークを構築するというものでした。

ところが、この「網状説」に対して、スペインの解剖学者ラモニ・カハール（1852〜1926年）は、神経細胞の独立性を主張したのです。神経細胞は細胞体、樹状突起および軸索よりなる1個の独立した単位であり、このような単位が多数連なって神経系を構成するというものです。この単位を「ニューロン」とよび、この考えを「網状説」に対して「ニューロン説」とよぶようになりました。

「ニューロン説」が「網状説」と決定的に異なる点は、以下の通りです。「ニューロン説」はニューロンとニューロンが連鎖をつくるとき、細胞体も突起も他の細胞とは接触によって連なるのであり、「網状説」が唱えるように互いに融合して独立性を失うということは、決してないのです。

カハールは多数の物的証拠によって「ニューロン説」を前述のような形にまとめ「網状説」に反対したのです。しかも彼が反論のために用いた手法がゴルジ染色であったことから、2人の対立は一層の激しさを増す結果となりました。同じ染色法で脳を染め、ゴルジは「網状説」、カハールは「ニューロン説」をそれぞれ主張し、どちらが正しいのかは明らかにされず、2人は1906年、ともにノーベル医学生理学賞を受賞しました。両者の主張は生前には決着がつかず、電子顕微鏡が開発され、ニューロンの構造が明らかになり、カハールの「ニューロン説」が正しかったことが証明されました。神経細胞どうしは、直接にはつながっていなかったのです。

以上を前置きとして、とかく断片的な知識に偏りがちな「神経」について、本章では順序立てて統一のあるものとして見ていきます。

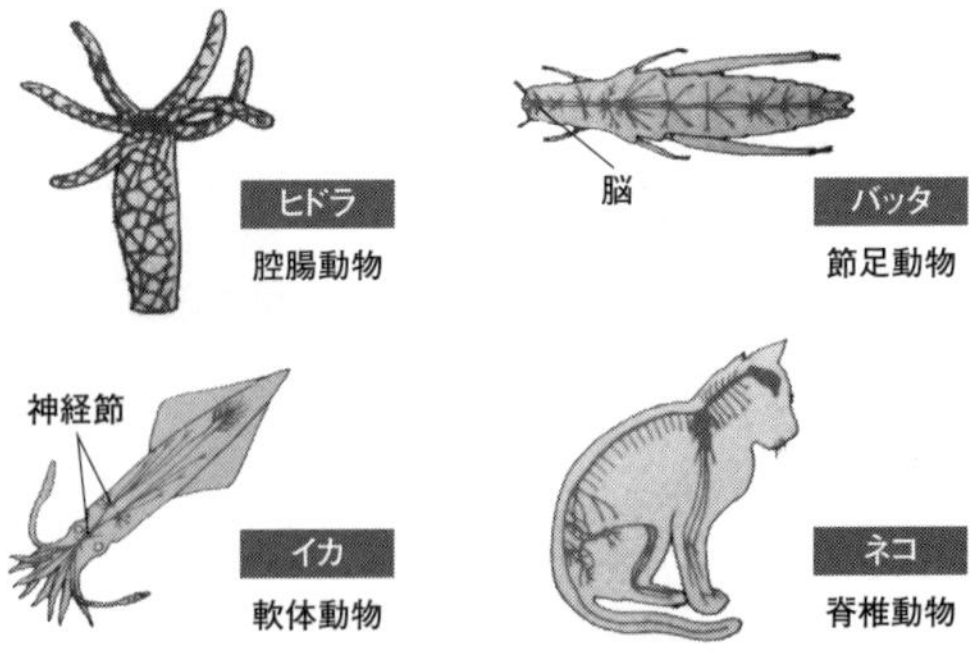

図１　神経系の発達
散在神経系（ヒドラ）と 集中神経系（バッタ、イカ、ネコ）。

神経系の進化

神経系はどのように出現したのでしょうか？

神経系は原生動物（アメーバ、ゾウリムシなど）と海綿動物を除いた、すべての動物に存在すると言われています（図1）。

一番簡単な神経系はクラゲなどの腔腸動物に見られています。中枢がなく、神経細胞が網目状に分布している神経系で、「散在神経系」とよばれています。

もう少し高等な扁形動物（プラナリアなど）や線形動物（カイチュウなど）では、神経細胞の集団が形成され、ここから太い神経線維が身体の後部に向かって走り、その縦走神経と交差する横断神経によって体部に張りめぐらされています。環形動物（ミミズなど）や節足動物（バッタなど）では環状の体節ごとに神経節があり、それらは縦に並んだ数珠状の神経索を形成しています。

さらに、高等な動物では神経細胞が集まって1本の神経管をつくり、その先端がふくらんで脳をつくり、これに続いて脊髄が伸びてきます。このような神経系は散在神経系に対し「集中神経系」とよばれています。

神経系の構成

私たちヒトは60兆個の細胞から組織や器官が構成され、互いに連絡、協調しあって生命活動を営んでいます。また、体内や体外の環境の変化に迅速に対応し、常に恒常性の維持につとめています。このような役割を担っているのが、神経系と内分泌系による調節です。

神経系ではシナプスを介して細胞から細胞へと情報を直接伝達するのに対して、内分泌系ではホルモンがいったん血液中に放出され、身体をめぐってから標的器官（受容細胞）に到達します。

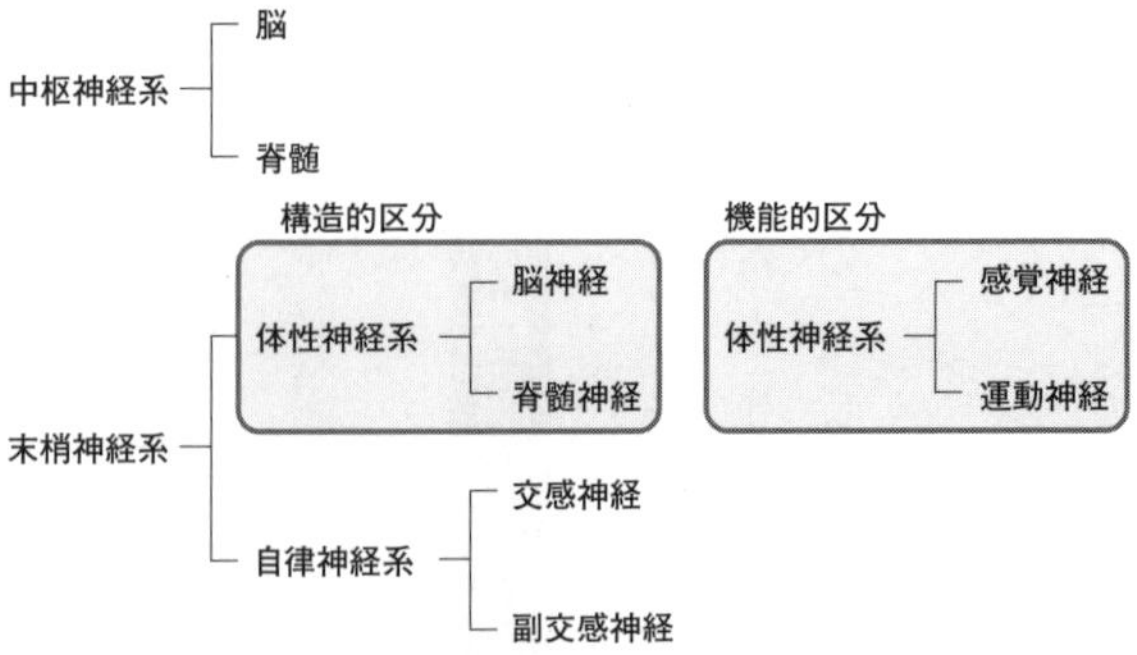

図２　脊椎動物の神経系の分類

けれども、ホルモンとよばれる物質のなかにも、直接、細胞から細胞へと情報を伝える物質もあります。そこで、シナプスで使われている物質も含めて、このような情報伝達物質を一括してホルモンとよぶようになってきています。

神経系は、「中枢神経系」と「末梢神経系」に分類されます（図2）。

1　中枢神経系

中枢神経系は脳と脊髄のことを指します。すべての神経の統合・支配など中心的な役割を担っています。末梢神経からの刺激を受け取り、その情報によってはたらきます（図3）。脳と脊髄は別々のもののように見えますが、つながっている中枢神経系です（図4）。先に述べたように、発生学

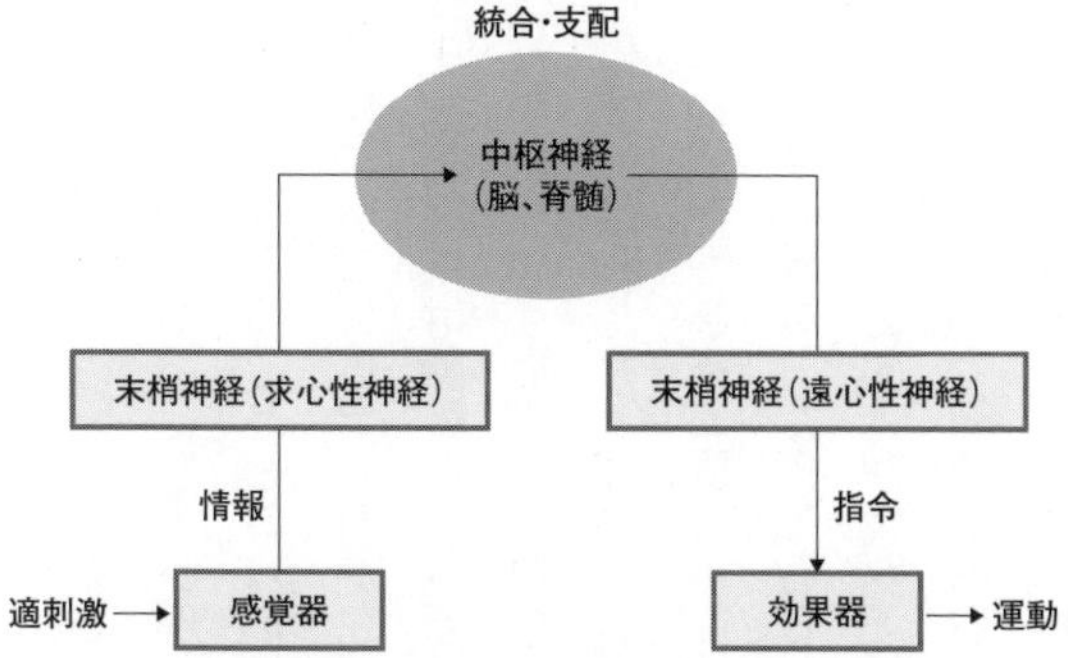

図3　中枢神経系と末梢神経系のしくみ
適刺激とは、視覚器では光、聴覚器では音波、味覚・嗅覚器では化学物質を指す。

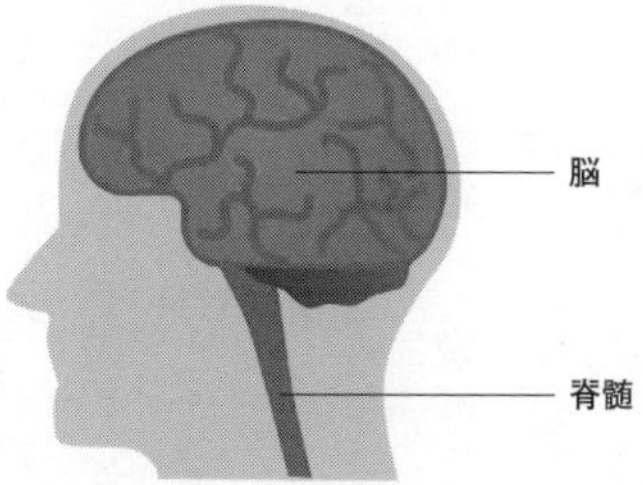

図4　脳と脊髄
脳と脊髄は、つながっている中枢神経系である。

的に神経管（中枢部分が管状になっている）の前方がはれて脳に、後方は伸びて脊髄になるからです。

脊椎動物の脳は脳幹、大脳辺縁系および大脳皮質に大きく区分することができます。

脳幹は脳のもっとも古い部分で、この部分の形が爬虫類の脳全体と似ているので爬虫類脳とよばれることもあります。脳幹は脊髄に近い部分から延髄、橋、中脳、視床、視床下部の5つに区分され、生命維持に必要な呼吸や心拍などを調節しています。

大脳辺縁系は脳幹と大脳新皮質の間にあり、大脳の古い皮質とも言われています。動物が生きていくために必要な、原始的な本能や感情の機能を持った部分であることから原始哺乳類脳ともよばれています。大脳辺縁系はいくつかの組織からできていて、記憶と深い関係がある海馬、本能的な快、不快をもたらす扁桃体、意欲を起こす帯状回などがそれぞれ異なった形で存在し、それぞれの組織の境界も明確ではありません。

ヒトの最大の部分が大脳です。大脳は左右2つの半球からなり、脳梁とよばれる神経線維からなる束で結びつけられています。それぞれの大脳半球は大脳新皮質とよばれる複雑に入り組んだ細胞層でおおわれています。大脳新皮質は私たち人間を人間として特徴づけるもので、この存在により、ものごとを統合し、記憶し、伝達し、理解し、判断

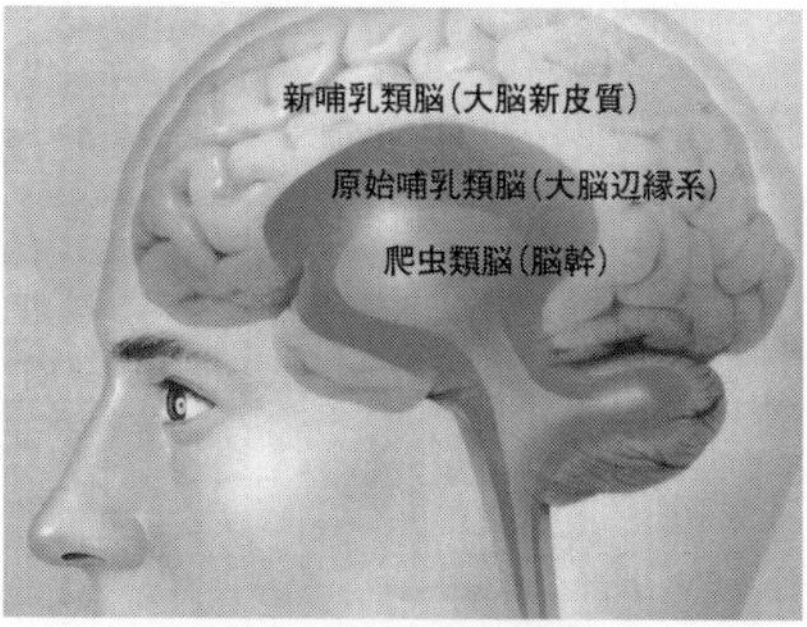

図5　脳の基本的構造
ヒトの脳の内部には原始哺乳類脳も爬虫類脳もある。大脳新皮質はヒトになって巨大化した脳だが、大脳は動物にもある。

し、そして想像できるのです（図5）。

脊髄は頸椎から仙椎までの椎骨の中央を走る円柱構造（神経線維の束）です。中心には中心管という管があり、脳室につながっています。その中に脳脊髄液が流れています。脊髄ではH状あるいは蝶の形の灰白質が見られ、ここに神経細胞の細胞体が集まっています。その周辺の白質は脊髄を上下に走る神経線維で構成されています。灰白質の背側の部分を後角、腹側の部分を前角とよびます（図6）。

2　末梢神経系

末梢神経は全身に分散している神経系です。中枢神経につながり、そこから全身に伸び、末端の器官と脳などの中枢神経との伝達を行っていま

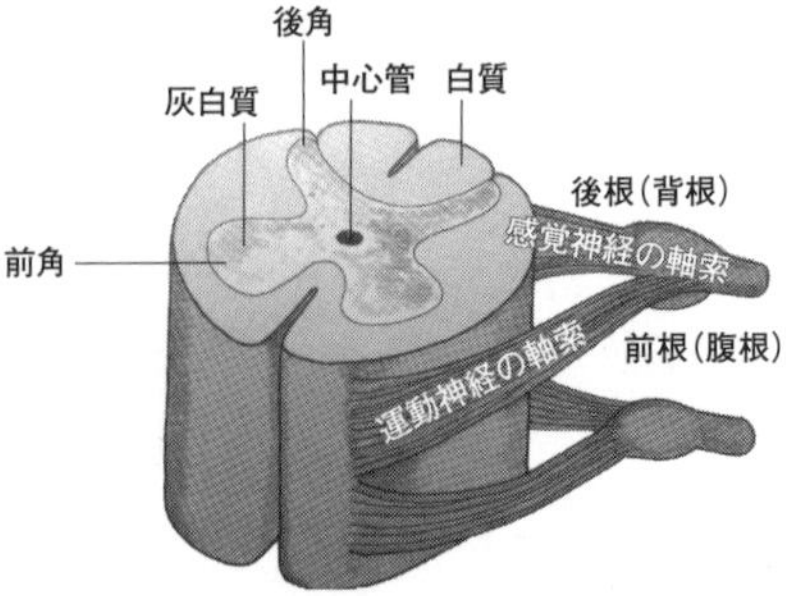

図6　脊髄

神経細胞の細胞体が集まっている部分は灰白色を呈し、軸索の集まっている部分はミエリンという脂質があって光を反射するので白色を呈している。

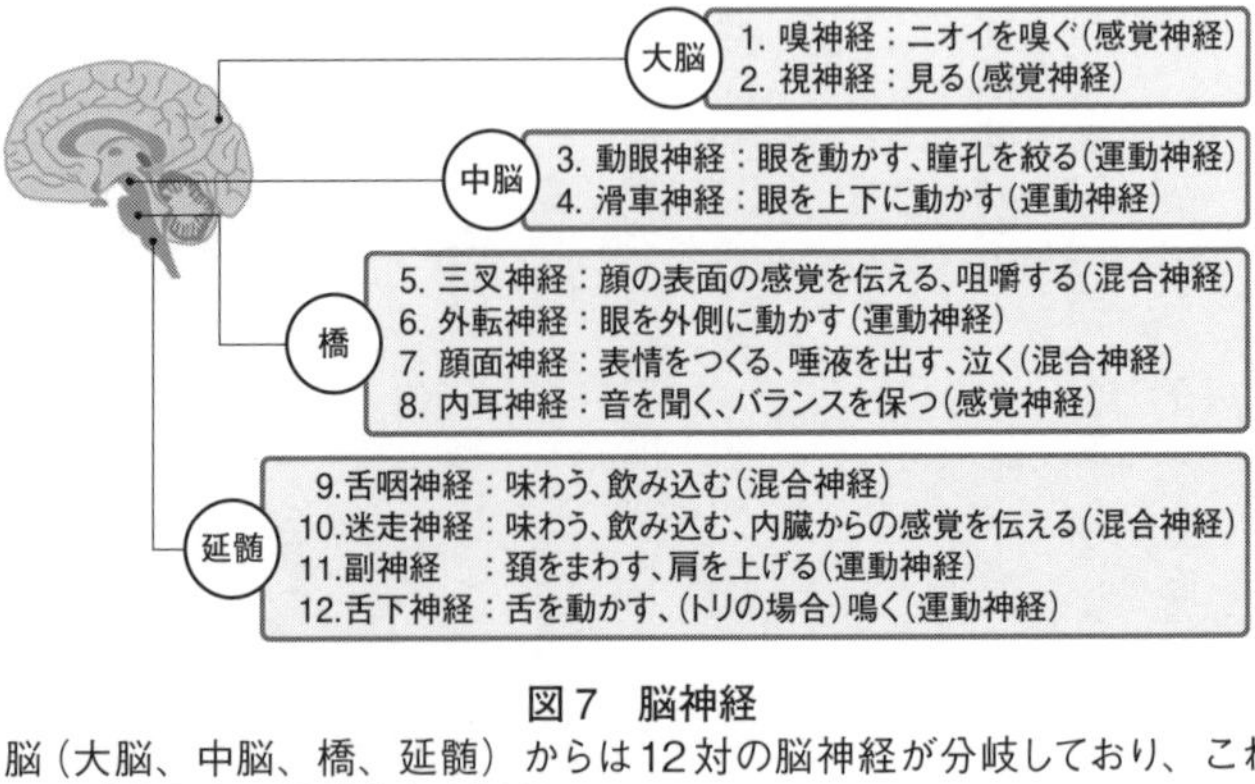

図7　脳神経

脳（大脳、中脳、橋、延髄）からは12対の脳神経が分岐しており、これらが感覚入力と運動出力を担当している。

す。

末梢神経系は、そのはたらきによって「体性神経系」（脳脊髄神経系）と「自律神経系」の2つに分けられます。

（1）体性神経系

刺激を受けて感じるなど、意識されることではたらく「感覚神経」（向心性）や「運動神経」（遠心性）などが体性神経です。感覚神経は身体の感覚を大脳に伝え、運動神経は脳からの指令を骨格筋などに伝えます。それらが中枢のどの部分から出入りしているかで、脳神経と脊髄神経に分けることもできます。

脳神経は脳と感覚器官、または脳と筋肉や分泌腺をつないでおり、脳底の左右両側から1対ずつ出入りし、全部で12対あります。脳神経（第Ⅰ～Ⅻ神経）（図7）を覚えるために、「嗅いで見る動く滑車の・・・」と暗記したことはありませんか?

一方で、脊髄神経は中枢神経の脊髄（頸髄、胸髄、腰髄、仙髄）と直接2本の枝（後根と前根）でつながっており、四肢および体幹を支配しています。全身に存在する皮膚感覚は顔面神経を除いて、そのほとんどが脊髄神経によって脊髄に送られていま

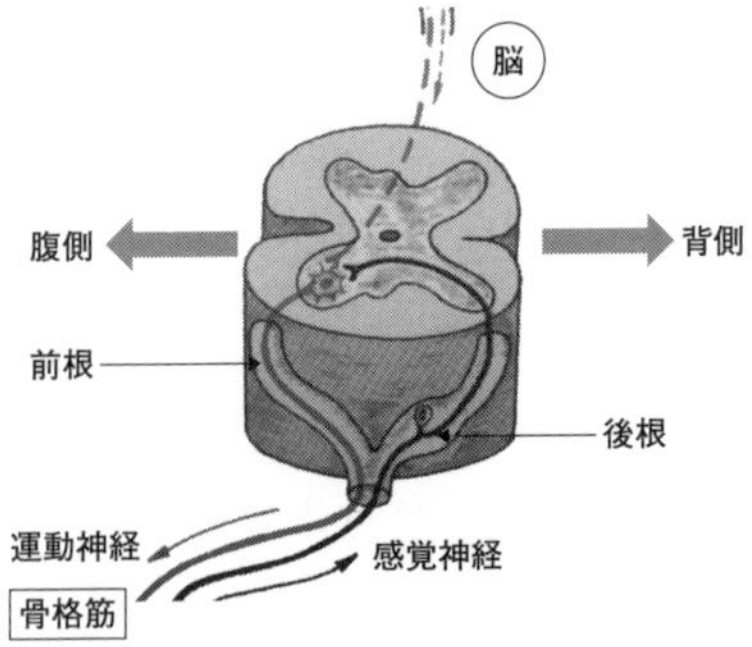

図８　脊髄神経の経路
通常、刺激の信号は脊髄の後根を介して大脳へ伝えられ、大脳が命令を出す。反射（無条件）は脊髄を折り返すため、脊髄が命令を出す。

図９　交感神経と副交感神経のバランス
このバランスが崩れると自律神経失調症となる。

す。具体的には、感覚神経は後根（感覚神経の軸索）から脊髄の灰白質の後角に入り、背側の白質を上行し、その感覚を脳に伝えます。脳から脊髄に送られる神経線維は腹側の白質を下行し、運動神経は前角から前根（運動神経の軸索）として出ていきます（図8）。

（2）自律神経系

呼吸、循環など意志とは関係なく自動的にはたらく神経系で、間脳（視床、視床下部）に中枢があり、そこから末梢器官に情報を伝達しています。

一般に、1つの臓器に2種類の神経、すなわち「交感神経系」と「副交感神経系」が作用しています（二重神経支配）。この2つの神経系は、一方が促進的に作用すれば他方は抑制的にはたらきます（拮抗性支配）。したがって、交感神経系と副交感神経系のバランスがとれていると健康な身体や精神を保つことができますが、生活リズムの乱れやストレスなどの原因で交感神経と副交感神経のバランスが悪くなると心身にさまざまな症状（頭痛、めまい、動悸、下痢など）が起こります（図9）。この状態が自律神経失調症とよばれるものです。

表1に主な自律神経系のはたらきを示します。

表1　自律神経系のはたらき

	交感神経の優位*	副交感神経の優位*
呼吸	浅い、速い	深い、ゆっくり
気道	拡張	収縮
心臓	心拍促進	心拍抑制
血圧	上昇	下降
血行	悪い	良い
体温	低い	高い
汗	分泌促進	無作用
胃液	分泌減少	分泌増加
腸	消化抑制	消化促進
肝臓	血糖上昇	血糖下降
膀胱	排尿抑制	排尿促進

*交感（副交感）神経が副交感（交感）神経に比べて優位にはたらいていることを示す。

神経の構造

神経系の構成単位はニューロン neuron（神経単位）です。神経細胞とその付属する神経線維（樹状突起、軸索）を合わせてニューロンとよびますが、この2つを区別せずに使われることもあります。ニューロンとの連接部をシナプス synapseと言います。ニューロンは細胞の一種ですから他の細胞と同様、細胞膜に包まれ、核、ミトコンドリア、リソソームなどの細胞小器官を持っています。

しかし、ニューロンが他の細胞と大きく違う点は、ニューロンはある時点からは新しいニューロンを再生しないことです。生物が受精卵から発育するにつれて、ニューロンも発育、増殖して神経

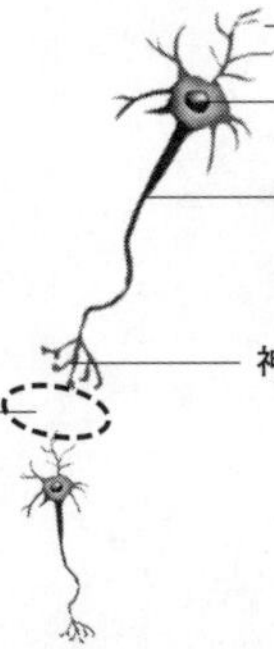

図10　ニューロン（神経単位）
細胞体、神経突起（樹状突起、軸索）からなる。

系をつくり、誕生までに増殖はほとんど完了し、ところによっては出生後すぐにニューロンは死滅し始めます。

1　ニューロン

ニューロンは大きな核を持つ細胞体（神経細胞体）と、その突起である神経線維からなります。突起は神経細胞体から多数出ている樹状突起と、1本だけ長く伸びる軸索からなります。軸索の先端は神経終末とよばれ、他のニューロンとシナプスを介して連接されます（図10）。

2　シナプス

ニューロンは突起を伸ばして互いに連絡しあい、シナプスを形成します。ニューロンの軸索の

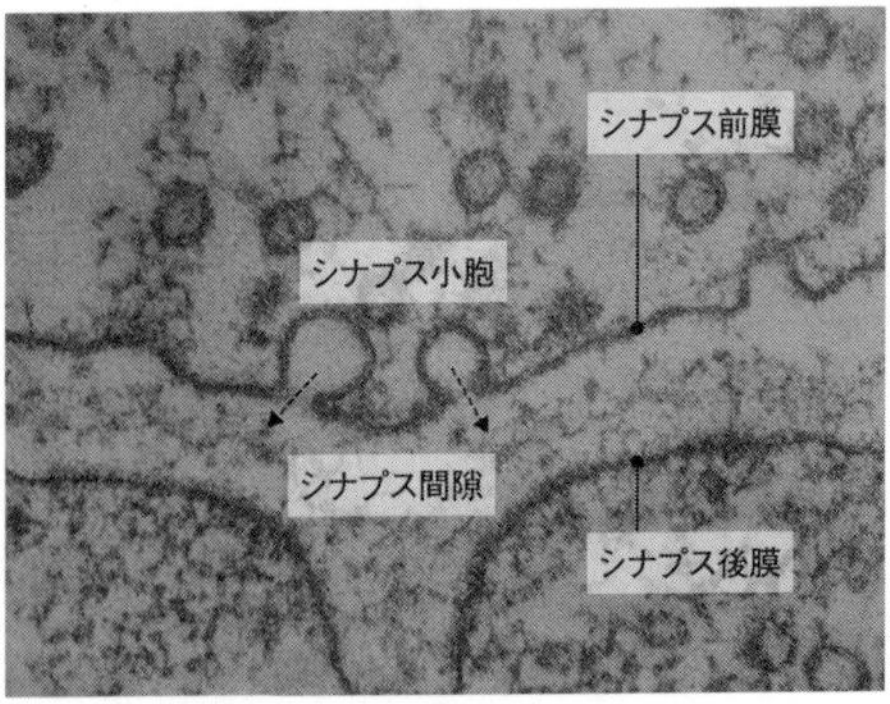

図 11　シナプスの電子顕微鏡像（From Heuser, JE）
シナプス小胞、シナプス前膜・後膜、シナプス間隙が存在する。シナプス小胞から神経伝達物質が放出される。

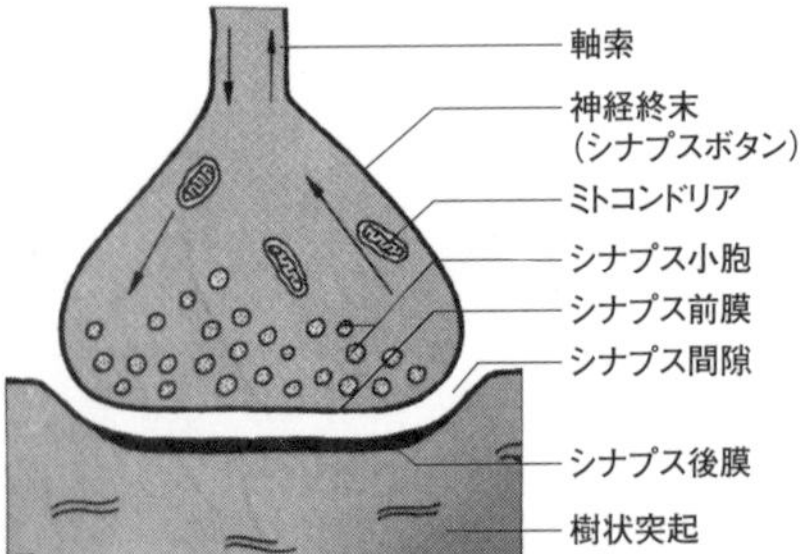

図 12　軸索のシナプス結合部
神経細胞で生産された神経伝達物質は神経終末のシナプス小胞に貯蔵される。

末端（神経終末）と、それに接しているニューロンの間では細胞膜は接していないため、ごくわずかの隙間があります。この隙間を「シナプス間隙」と言います。シナプス間隙は電子顕微鏡でやっと確認できるほどの隙間です（10ナノメートル、10万分の1ミリメートル）（図11）。軸索の末端側を「シナプス前膜」（前シナプス）、軸索終末と相対するニューロン側を「シナプス後膜」（後シナプス）とに区別しています。

軸索のシナプス結合部はやや膨大しており、これを「シナプス前終末」と言います。ここには神経伝達物質を貯蔵している「シナプス小胞」が見られます（図12）。

3 有髄神経と無髄神経

軸索には、髄鞘という膜で包まれている有髄神経線維と、髄鞘に包まれていない無髄神経線維があります。一般に高等な動物ほど有髄神経線維が多く、無脊椎動物の神経線維はすべて無髄です。

有髄神経は、軸索のまわりにグリア細胞が巻きついた髄鞘（ミエリン鞘 myelin sheath）とよばれる構造で形成されています。髄鞘は1本の軸索の全長にわたって連続して包んでいるのではなく、所々でくびれ消失しています。この髄鞘が消失している

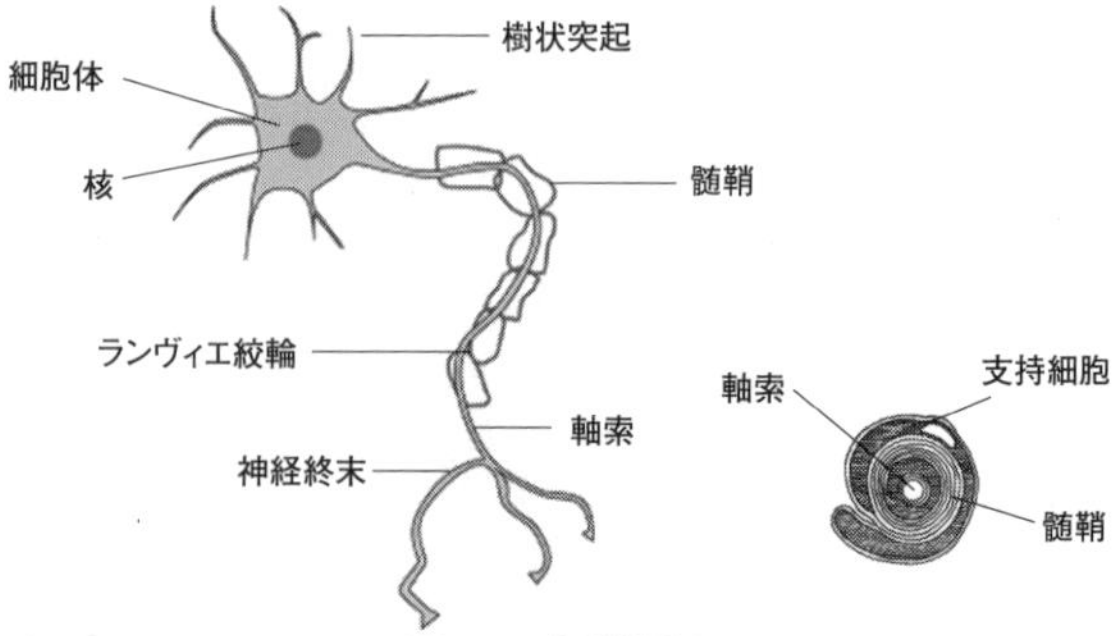

図 13　有髄神経

髄鞘は1本の軸索の全長にわたって連続して包んでいるのではなく、所々でくびれ消失している。この髄鞘の消失している部分がランヴィエ絞輪である。

部分をランヴィエ絞輪 node of Ranviern と言います（図13）。髄鞘は脂質二重層で構成された細胞膜が何重にも巻きつく形をとり、外側の部分は核を有する神経鞘細胞（シュワン細胞 Schwann cell）で包まれています。

無髄神経には、神経鞘が取り巻いていますが髄鞘は形成されていません。

4　ニューロンの種類

ニューロンは、はたらきの上から感覚ニューロン、介在ニューロン、運動ニューロンの3種類に分けられますが、細胞体のある場所や突起の突出がそれぞれ異なっています（図14）。

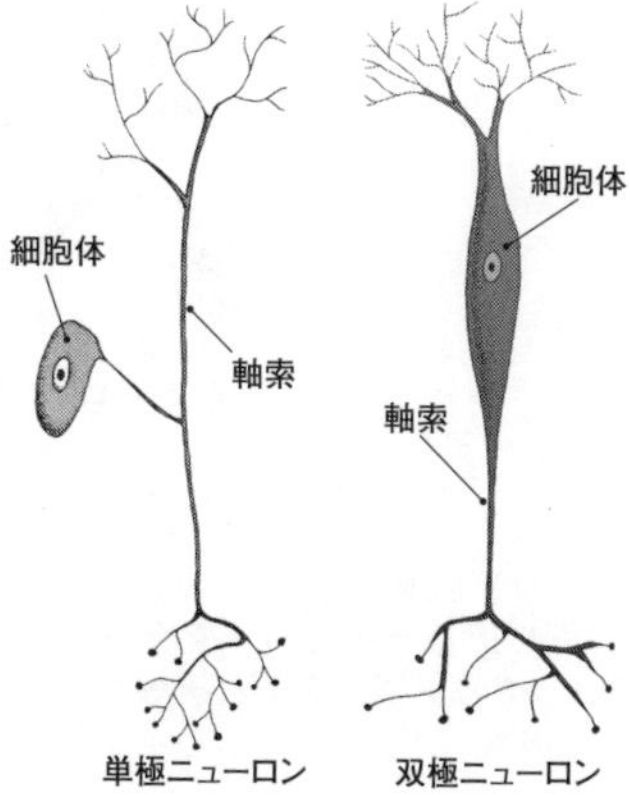

図 14　ニューロンの形状
単極ニューロン：細胞体から1本出た軸索は、すぐにT字形に2本の軸索に分かれ、1つは末梢に、他方は中枢に向かう。これにより末梢の感覚情報を中枢に伝える。
双極ニューロン：細胞体から多数の樹状突起と1本の長い軸索を出している。中枢からの情報を効果器に伝える。

（1）感覚ニューロン

受容器（皮膚、感覚器）からの興奮を中枢（脳、脊髄）に伝えるニューロンです。２本の長い突起が同じところから出て、互いに反対方向に伸びています。細胞本体は背根（脊柱側）にあります（脊椎動物）。向心性突起を形成します。

（2）介在ニューロン

ニューロン間の連絡をするニューロンで、全体としては短く、脳・脊髄・交感神経節などの中枢にあります。連合突起を形成します。

（3）運動ニューロン

中枢からの興奮を効果器（筋肉、腺など）に伝えるニューロンです。多数の樹状突起と1本の長い軸索からなります。遠心性突起を形成します。

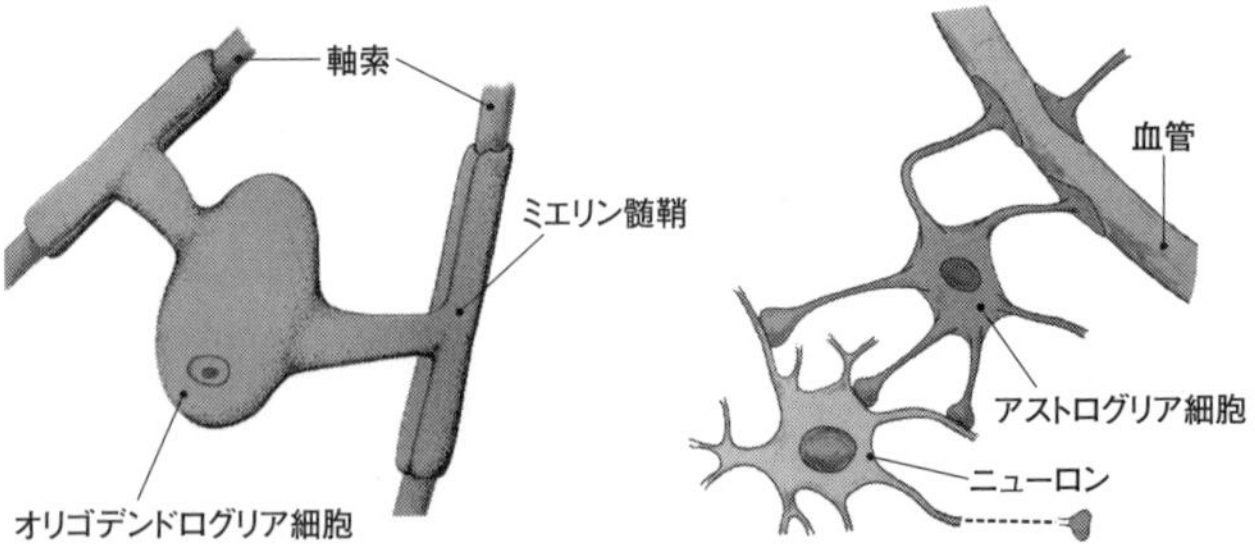

図 15　グリア細胞
オリゴデンドログリアは軸索の表面に絶縁体のカバーをかぶせている。アストログリアは多数の突起を出し、その一端を血管と接触させており、血液から栄養分（グルコースなど）を貯え、ニューロンへと供給している。

5　グリア細胞 glial cell

グリア細胞は神経系を構成する神経細胞ではなく、神経系の維持に関与する細胞群のことを意味しています（図15）。

3種類あるグリア細胞がそれぞれの役割を担っています。

（1）オリゴデンドログリア oligodendroglia（乏突起グリア）

小さな卵形をした細胞体で、突起を数本伸ばし、中枢神経系の軸索に巻きつき層状となって鞘、ミエリン鞘を形成します。末梢神経系ではシュワン細胞が同じ役目をしています。ミエリン鞘の部分は電気的に絶縁されているため、軸索を流れる活動電位の伝導を速やかにしています。

（2）アストログリア astroglia（星状グリア）

細胞体から多数の突起が星状ないし放射状に出ており、その一部は血管壁あるいは脳表面に終わっています。この細胞は神経細胞と血管との間に介在していることから、機能的に神経細胞と血液との間の物質交換に関与しています。ちなみに、ニューロンにとって有害な物質が血液から運ばれようとしても、このグリア細胞は通さない関所の役目もしています。これが血液脳関門とよばれている機構です。

（3）ミクログリア microglia

中枢神経系に見られます。細胞体は小型で棍棒状であり、少数の突起が出ています。その機能はマクロファージや免疫細胞のような役割を果たしているようです。

神経の機能

ニューロンのはたらきは、情報の伝達とその情報の処理を行っています。情報は樹状突起で受け取られ、細胞体のなかで処理してから、軸索を通じて他のニューロンや細胞に送り出されます。

ニューロン内で情報の伝達は電気的に行われますが、ニューロンどうしでは、神経伝達物質とよばれる化学物質によって行われます。

1　ニューロンの興奮

ニューロンは電気信号によって情報を速やかに伝えることができます。この電気的シグナルの伝導は、ニューロンの膜がその膜内外に保っている微弱な電位差によって行われます。

通常、ニューロンの膜の外側には大量のナトリウムイオン、膜の内側にはカリウムイオンが存在しています。これはNa, K - ポンプとよばれる一種の膜タンパク質によって膜の内側から懸命にNa^+をくみ出し、外側からK^+をくみ入れているのです。Na, K - ポンプは細胞エネルギー源であるATP（アデノシン三リン酸）を分解して消費しています。このようなイオンバランスによって膜の内側はマイナスの電位を保っています。この電荷のわずかな膜内外の分離状態によって生じる膜電位を静止膜電位（マイナス40～マイナス75ミリボルト）と言います。

このニューロンが何らかの刺激を受けて、マイナス側の静止膜電位が壊されプラス側

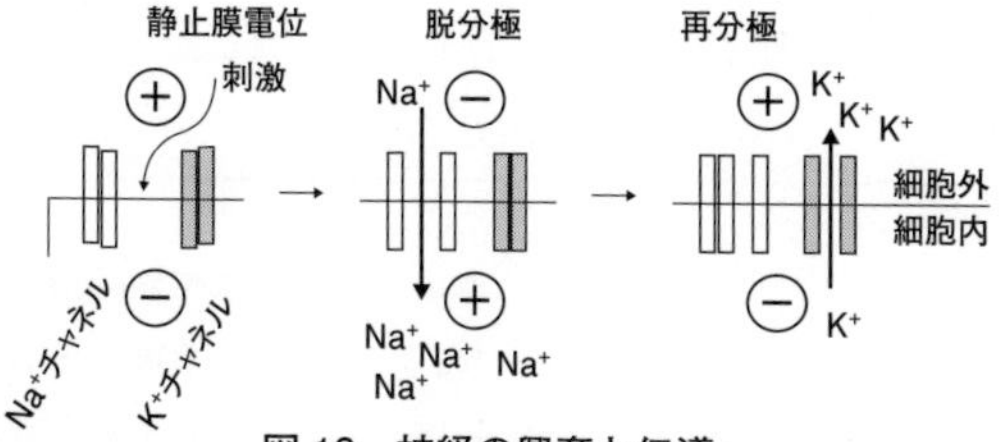

図16　神経の興奮と伝導

活動電位は Na^+ チャネルが開くことで起こる。Na^+ チャネルが開くと、細胞内外の濃度勾配と電気勾配（細胞内は負）によって Na^+ が流入し膜電位の負電荷が減少すると、さらに Na^+ チャネルが開き、大きな Na^+ の流入が引き起こされる。その結果、膜電位が逆転し、内側が正の電位となる（脱分極）。細胞内の膜電位が 30mV までに達すると、Na^+ チャネルが閉じ、膜電位の上昇が止まる。その直後に電位依存性 K^+ チャネルが開き、細胞外へ K^+ が流出する。K^+ が流出すると、正の電荷を持つ粒子が細胞外へ流出するため、細胞内の膜電位が下がる（再分極）。

にかたむくと（脱分極）、Naチャネルが開くことにより活動電位が生じます。つまり、開いたNaチャネルによって、軸索膜は外側のNa^+を一気に通過させます。軸索内に瞬時に多量に流れ込んだNa^+は内側の荷電をプラス側に変えます。このことによりNaチャネルは直ちに閉じ、引き続きKチャネルが開きます。開いたKチャネルを通って内側のK^+が流れ出ることにより、膜の内側でプラス側に荷電していたのが再びマイナス荷電へと戻ります（再分極）。膜は再び静止状態となります。これが神経インパルスとよばれるものです。

　この2種、NaチャネルとKチャネルの交互に起こる開閉によって、活動電位を次々

表2　神経線維の伝導速度

	直径 (μm)	速度 (m/s)	機能
有髄神経			
	15	100	骨格筋運動線維
	8	50	皮膚触覚、皮膚圧覚
	5	20	筋紡錘運動神経
	3	15	皮膚温度感覚
無髄神経			
	0.5	1	皮膚痛覚、交感神経

有髄神経の伝導速度は無髄神経より速く、さらに太いほど速い。

に発生させ、これが電気シグナルとして細胞体から軸索を経て、神経終末へと運ばれるのです（図16）。

2　神経線維の伝導速度

電気シグナルの伝導速度は神経線維の太さや種類によって差異が見られます。一般的に太い神経線維ほど活動電位は速く伝導されますし、ミエリン鞘で包まれた有髄神経は無髄神経に比べて、伝導速度は高速です（表2）。

ミエリン鞘は軸索を分節し、分節の切り目であるランヴィエ絞輪だけむき出しになっています（ミエリン髄鞘の消失）。このランヴィエ絞輪にはNaチャネルのすべてが集まっており、ミエリン鞘で包まれた軸索膜にはチャネルがありません。

このことにより、活動電位の伝導がミエリン鞘の部分をジャンプしてランヴィエ絞輪の部分へと進むため（跳躍伝導）、より一層スピードが増すことになります。また、ミエリン鞘の存在はイオンの漏出の防止ともなり、Na，K—ポンプのエネルギー消費の節約にもなっています。

3　シナプス伝達

すでに述べたように、ニューロン個々の細胞内で情報の伝達は電気的に行われますが、ニューロンどうしでは、神経伝達物質とよばれる化学物質によって行われているのです。

1つのニューロンは他のニューロンと何千もの接点を持っています。つまり、軸索の末端が他のニューロンの細胞体や樹状突起と接しており、この接合部がシナプス、シナプスの隙間がシナプス間隙です。

シナプス伝達は、活動電位によりシナプス小頭の電位依存性Caチャネルが開き、カルシウムイオンが前シナプス内に流入すると、シナプス小胞から神経伝達物質がシナプス間隙に放出され、その分子が後シナプス細胞の膜上に分布する受容体（レセプターreceptor）に結合することによって完成されます。

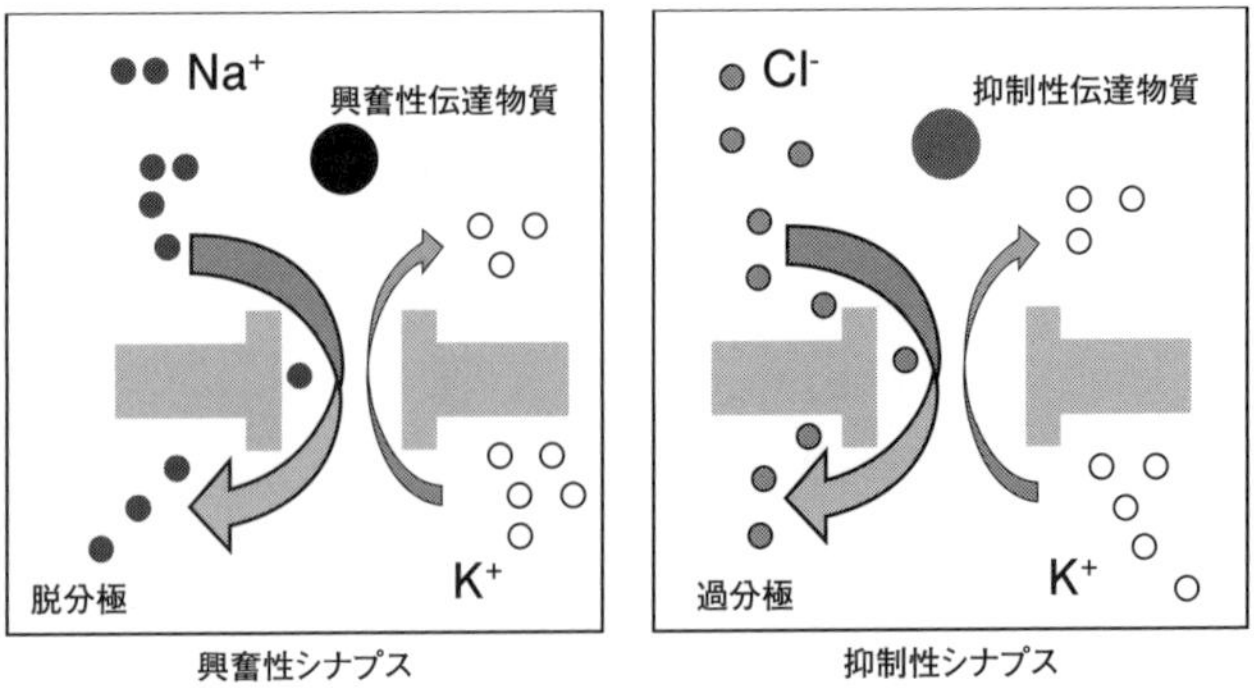

図 17　シナプス伝達での興奮と抑制

後シナプス細胞は、化学的シグナルのための特別なレセプタータンパク質を膜表面に持っており、イオンチャネルを通して電気的シグナルに変換されます。たとえば、ある種の受容体はNaチャネルを開けて、その細胞を興奮させます。また、別のタイプの受容体は神経伝達物質の刺激を受けるとCl－チャネルを開けて、細胞内へCl^-を流入させます。このため細胞内は負に荷電し、さらに膜電位が低下することになります（過分極）。前者を興奮性シナプス、後者を抑制性シナプスと言います（図17）。

4　神経伝達物質の分類

神経伝達物質は神経細胞で生産され、神経細胞の興奮または抑制を他の神経細胞に伝達する化学物質の総称です。1つの神経細胞は1種類の神経伝達物質しか生産しません。放出された化学物質はシナプス間隙に拡散して、次の神経細胞あるいは効果器の細胞膜にある受容体に結合し、情報を伝えます。

主な神経伝達物質には、ドーパミン、ノルアドレナリン、アドレナリン、セロトニン、ヒスタミン、アセチルコリンなどのアミン類が古くから知られています。グルタミン酸、グリシン、γ-アミノ酪酸などのアミノ酸類も神経伝達物質で、γ-アミノ酪酸（GABA）は抑制性伝達物質としてはたらいています。またサブスタンスP、エンケファリンなど、より低分子の神経ペプチドが神経伝達物質として注目されています。

各種神経伝達物質は、生体膜に対して特異的受容体と相互作用を持っており、いくつかの神経伝達物質に対してはいくつかの受容体の存在が認められています。

具体例として、自律神経系の化学伝達物質とその受容体について見てみましょう。

（1）自律神経系の神経伝達物質

自律神経系の化学伝達物質はノルアドレナリン noradrenaline（NA）とアセチルコリン acetylcholine（ACh）です。ちなみに、NAとノルエピネフリン

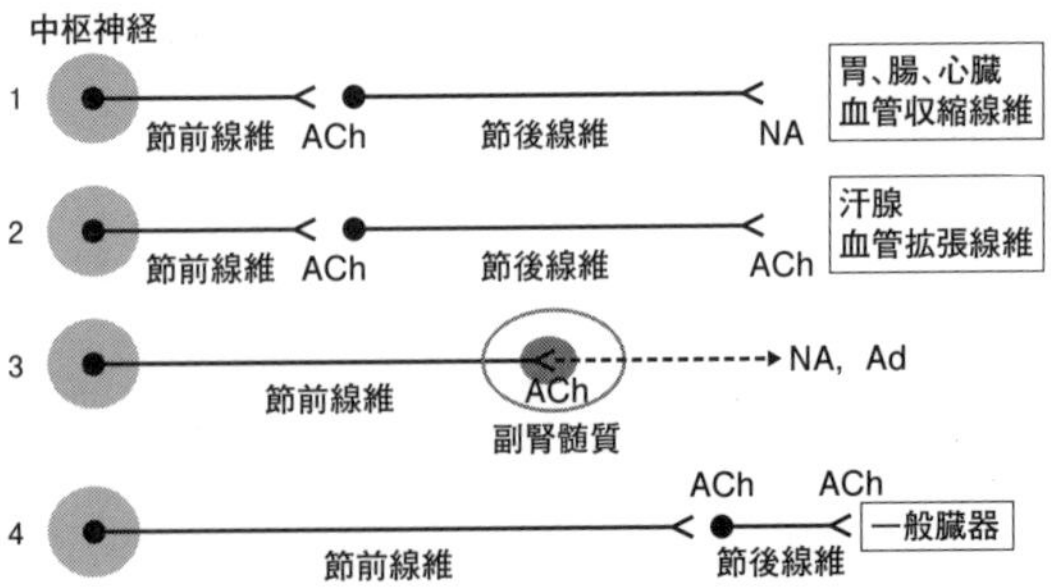

図 18　自律神経系における伝達物質と標的器官
交感神経（1～3）および副交感神経（4）の節前線維では ACh が神経伝達物質としてはたらく。

norepinephrine（NE）は同義語です（英国ではNAとよび、米国ではNEとよぶ）。交感神経節と副交感神経節の伝達物質はともにAChです。言いかえれば、交感神経と副交感神経の節前線維ではAChが神経伝達物質として使われています。腹部臓器の交感神経節後線維ではNA（汗腺と骨格筋内の血管の支配は例外で、ACh）、一方、副交感神経節後線維ではAChが神経伝達物質として使われています（図18）。

NAを伝達物質とする神経はアドレナリン作動性神経 adrenergic nerve、AChを伝達物質とする神経はコリン作動性神経 cholinergic nerve とよばれています。

表3　アドレナリン受容体の分布と反応

	効果器	受容体	反応
眼	瞳孔散大筋	α1	収縮(散瞳)
	網様体筋	β2	弛緩(遠視)
心臓	洞房結節	β1	頻脈
	刺激伝導系	β1	伝導促進
	心室筋	β1	収縮増強
平滑筋	血管	α1	収縮、血圧上昇
	気管支	β2	弛緩
	胃・腸管	α2、β2	運動、緊張抑制
	括約筋	α1	収縮
	膀胱括約筋	α1、β2	収縮、弛緩
分泌腺	唾液腺	α1	カリウムと水分泌促進
	気道分泌	α1、β2	抑制、促進
	胃液分泌	α2	抑制
	腸液分泌	α2	抑制
副腎髄質		α1、β2	グリコーゲン分解
肝臓		α1、β2	グリコーゲン新生
脂肪組織		β3	脂肪分解促進

（2）自律神経系の受容体

NAないしadrenaline（Ad）の結合する受容体を、アドレナリン受容体adrenergic receptor、AChの結合する受容体をアセチルコリン受容体cholinergic receptorと言います。

アドレナリン受容体…αおよびβ受容体に大別されます。α受容体はさらにα1およびα2受容体に分類されます。β受容体はβ1、β2およびβ3受容体に細分類されます（表3）。

α1受容体は血管平滑筋、膀胱や尿道平滑筋に存在し、それらの収縮に関係しています。

α2受容体はシナプス前膜にあり、NAの過剰な放出を抑制する自己受容体autoreceptorとして作用します。

β1受容体は心機能（収縮力、心拍数）を高めます。

β2受容体は気管支、血管、消化管、膀胱、子宮などの平滑筋を弛緩させます。

β3受容体は脂肪組織の代謝を亢進します。

アセチルコリン受容体…毒キノコであるベニテングダケに含まれる植物アルカロイドであるムスカリンが結合すると、ムスカリン様作用を示す受容体をムスカリン性アセチルコリン受容体muscarinic acetylcholine receptorあるいはムスカリン受容体muscarinic receptorと言います。副交感神経節後線維の効果器に存在し、刺激により縮瞳、腸管運動促進、血管拡張を起こします。タバコの植物アルカロイドであるニコチンが結合すると、ニコチン様作用を示す受容体をニコチン性アセチルコリン受容体nicotinic acetylcholine receptorあるいはニコチン受容体nicotinic receptorと言います。自律神経節や中枢神経には神経型ニコチン受容体、運動神経と骨格筋接合部には筋型ニコチン受容体が存在します。

5　神経伝達物質の生合成と代謝

神経伝達物質はそのニューロンで生合成され、軸索流（軸索内輸送）に沿って神経終末に運ばれ、刺激に応じてシナプス間隙に放出されます。後シナプス細胞は化学的シグナルのための特別なレセプタータンパク質を膜表面に持っており、一般にはイオンチャネルを通して電気的シグナルに変換されます。シナプス間隙内の伝達物質は速やかに消去し、次にくる神経興奮への準備に備える必要があります。

具体例として、NAやAChなどの生合成と代謝について見てみましょう。

（1）ノルアドレナリン（NA）とアドレナリン（Ad）の生合成と代謝

アミノ酸の1つであるチロシン tyrosine が、神経終末に取り込まれ、チロシン水酸化酵素によってドパ dopa になります。さらにドパ脱炭酸酵素によってNAとなり、神経終末にある小胞に貯蔵されます。これまで見てきたように、交感神経の興奮によって、神経終末のCaチャネルを介して Ca^{2+} が流入し、細胞内の Ca^{2+} 濃度が高まるとNAは神経終末から放出されます。

副腎髄質ではNAが、さらにN－メチル転移酵素によりAdとなり、放出されます。

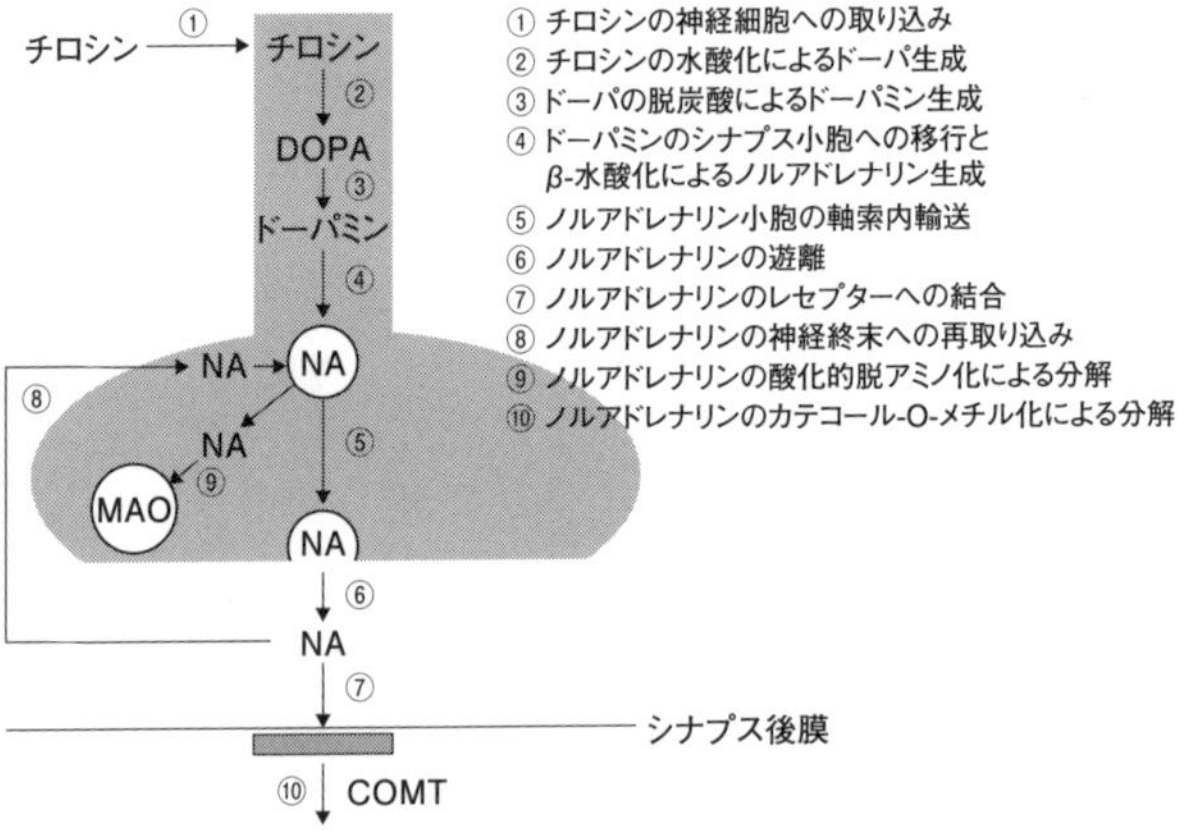

チロシン
①
チロシン
②
DOPA
③
ドーパミン
④
NA
NA
⑧
NA
⑤
MAO
⑨
NA
⑥
NA
⑦
シナプス後膜
⑩
COMT
① チロシンの神経細胞への取り込み
② チロシンの水酸化によるドーパ生成
③ ドーパの脱炭酸によるドーパミン生成
④ ドーパミンのシナプス小胞への移行と β-水酸化によるノルアドレナリン生成
⑤ ノルアドレナリン小胞の軸索内輸送
⑥ ノルアドレナリンの遊離
⑦ ノルアドレナリンのレセプターへの結合
⑧ ノルアドレナリンの神経終末への再取り込み
⑨ ノルアドレナリンの酸化的脱アミノ化による分解
⑩ ノルアドレナリンのカテコール-O-メチル化による分解

図 19　ノルアドレナリンの生合成、貯蔵、遊離、代謝

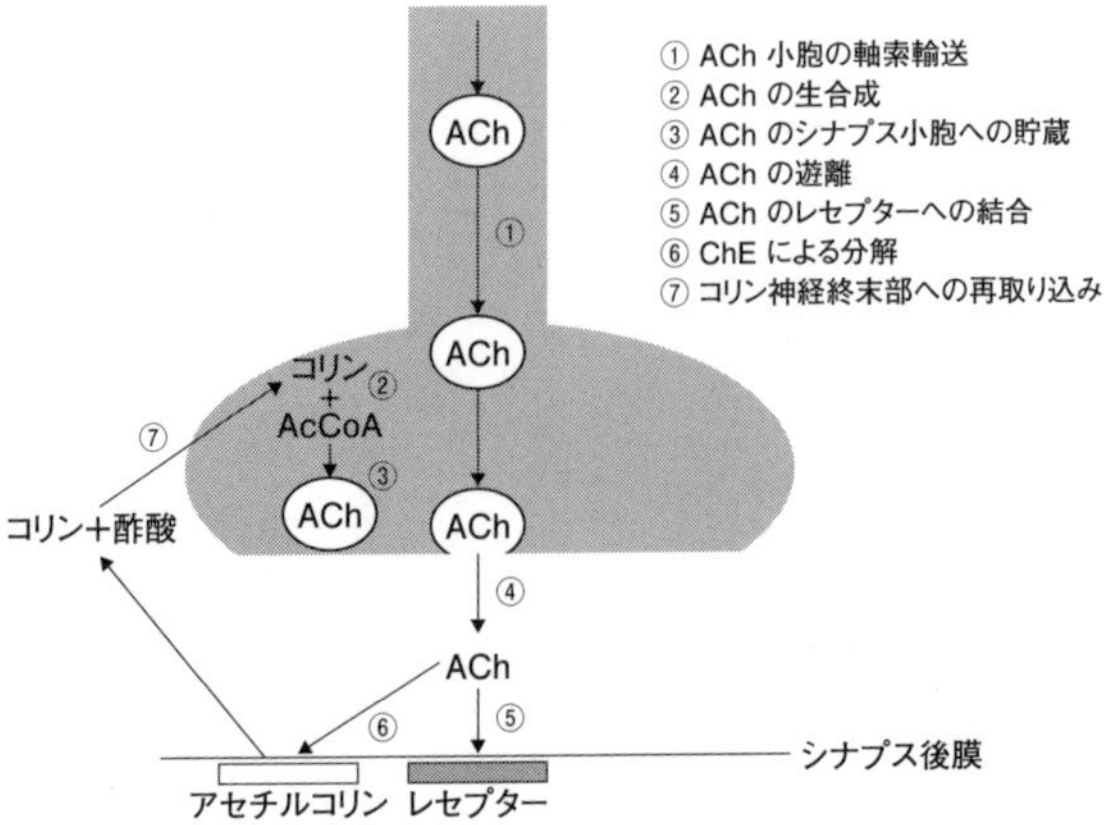

ACh
①
ACh
コリン
+
AcCoA
②
③
ACh
ACh
⑦
コリン+酢酸
④
ACh
⑥
⑤
シナプス後膜
アセチルコリン
レセプター
① ACh 小胞の軸索輸送
② ACh の生合成
③ ACh のシナプス小胞への貯蔵
④ ACh の遊離
⑤ ACh のレセプターへの結合
⑥ ChE による分解
⑦ コリン神経終末部への再取り込み

図 20　アセチルコリンの生合成、貯蔵、遊離、代謝

シナプス間隙に放出されたNAは、シナプス前膜やシナプス後膜にあるアドレナリン受容体に結合して情報を伝えます。

情報を伝え終わったNAはアミン輸送体により神経終末に再取り込みされ、神経伝達物質として再利用されます。また、その一部はミトコンドリアにあるモノアミンオキシダーゼ（MAO）によって酸化的アミン化される、あるいは、細胞質にあるカテコール-O-メチル転移酵素（COMT）によって水酸基がメチル化され代謝されます（図19）。

（2）アセチルコリン（ACh）の生合成と代謝

AChはアセチルコエンザイムA（acetyl CoA）から、酵素はコリンアセチルトランスフェラーゼ（ChAc）によって合成されます。また、アセチルコエンザイムAはミトコンドリアで合成されます。

生合成されたAChは、神経終末部のシナプス小胞に貯蔵され、神経刺激に応じてシナプス間隙に遊離され、受容体に作用します。

放出されたAChは、シナプス部位ではアセチルコリンエステラーゼ（真性コリンエステラーゼ）によって、あるいは血漿をはじめ広く存在するコリンエステラーゼ（偽性コリンエステラーゼ）によって、コリンと酢酸に分解されます。一部のコリンは神経終末に再取り込みされ、ＡＣｈの生合成に再利用されます（図20）。

参考図書

・マーク・F・ベアー、バリー・W・コノーズ、マイケル・A・パラディーソ 著、加藤宏司ら 訳：神経科学、西山書店、2007.
・森寿ほか 編：脳神経科学、羊土社、2006.
・ロバート・オーンスタイン、リチャード・F・トムソン 著、水谷 宏 訳：脳ってすごい、草思社、1993.
・萬年甫：脳の探究者ラモニー・カハール、中央公論社、1991.
・瀬川富朗ほか：神経、化学同人、1987.
・栗山欣也、大熊誠太郎：神経伝達物質、中外医学社、1986.
・中野昭一 編：図解生理学、医学書院、1985.
・Carlson NR: Physiology of Behavior, Allyn and Bacon, Inc., 1981.
・Krieger DT & Hughes JC ed.: Neuroendocrinology, Sinauer Associates, Inc., 1980 .

第2章

神経と筋肉のしくみ

斎藤 徹

日本獣医生命科学大学名誉教授

はじめに

　この地球上には無生物（lifelessness, inanimateness）と生物（life, animate）が存在しています。生物とは〝生きもの〟〝生活しているもの〟です。ちなみに、無生物とは生活機能を持たないものの総称です。

　生物は、植物と動物に区分されますが、この両者の大きな違いは何でしょうか？　それは〝動き〟です。〝動き〟とは、広辞苑によると、動くこと、変動、変化、動静、ものようなどの意味とされています。つまり、物体が時間の経過とともに空間的位置を変えることです。このことを位置移動（ambulation, locomotion）と言います。

　動物はみずから動きますが、植物は動きません。なぜでしょうか？　個体の維持の観点から見てみましょう。植物は細胞のなかに葉緑体を持ち、光合成によって日光からエネルギーを取り出しているので、積極的に動く必要はありません（独立栄養）。しかし、動物は生きるためのエネルギー源を他から補給しなければなりません。そのためには動いて獲物を探し、獲得することが必要です（従属栄養）。また、他の動物のエネルギー源にならないように生き延びるためには、敵から逃げる俊敏さも必要です。

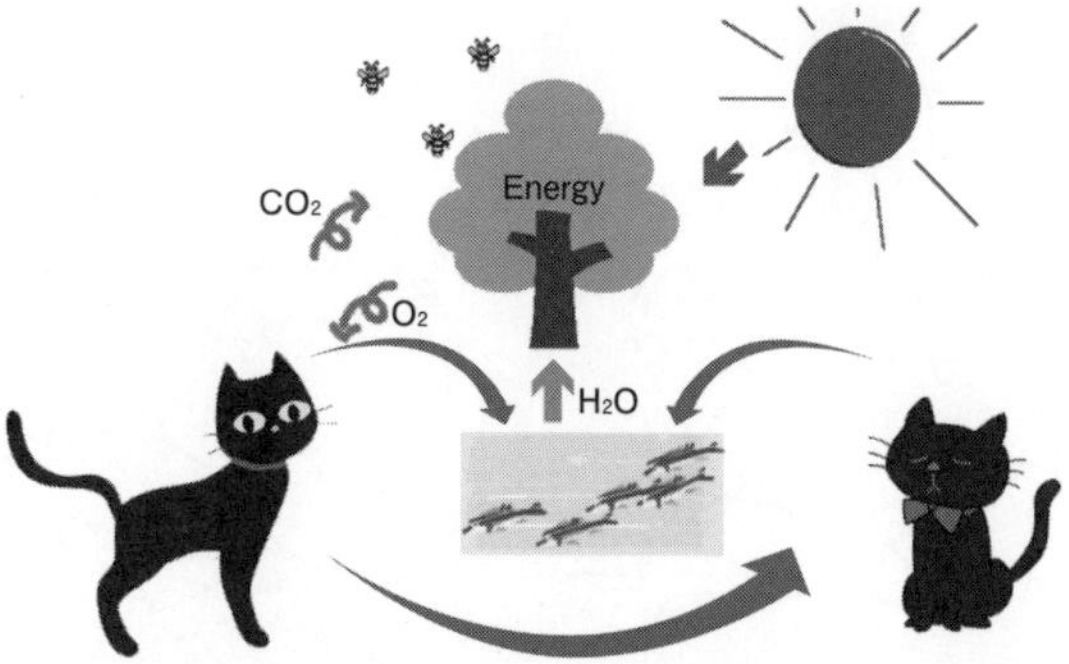

図1　植物と動物における位置移動
動物は個体と種の維持のために動かなければならない。

次に、種の保持においても、動物は交配相手を探すために動く必要があります。しかし植物は風や昆虫などが、おしべの花粉をめしべの柱頭に授粉してくれるため、動かずに済みます（図1）。

このような理由で、泳いだり、歩いたり、走ったり、空を飛んだりするために、動物には発達した筋肉が必要です。さらに、これらの筋肉を素早く、正確に収縮するために、神経のネットワークが全身に張りめぐらされているのです。

本章では、動くこと、すなわち筋肉の収縮のしくみ、そして筋肉を収縮させるための神経系のはたらきについて見ていきます。

図２　遊泳運動（魚類）と歩行運動（両生類）

動きのしくみ

最初に、動物の動きについて観察してみましょう。

1　泳ぐ

魚の泳ぎやヘビのくねくねした動きなどに見られる波状の運動は、遊泳運動と言われています。遊泳運動は身体全体の動きで起こります。このタイプの運動は扁形動物や軟体動物などの無脊椎動物にも見られます。遊泳運動の速度は、身体をくねらす筋肉群が収縮する頻度に依存しています。

脊椎動物の元祖は魚類です。魚類は遊泳運動する動物として海を制覇し、やがて両生類を経て爬虫類となり、陸上に進出したのです。魚類の胸鰭、

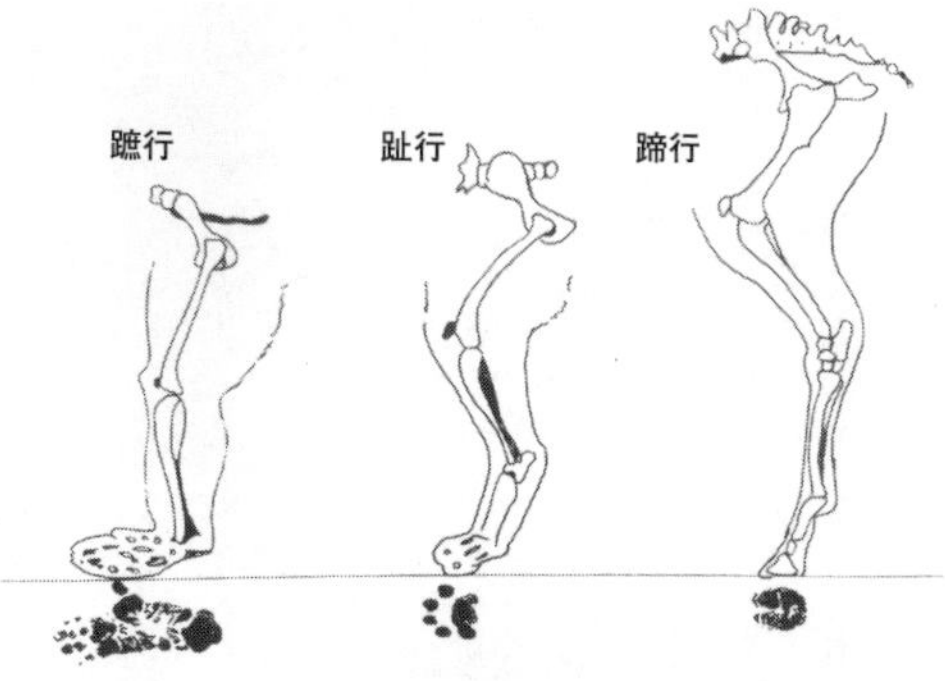

図3　哺乳類の足跡

腹鰭からそれぞれ前肢、後肢へと変化したのではないかと言われています。両生類の歩行運動は魚類の遊泳運動と似ていることが物語っています（図2）。

2　歩く、走る

哺乳類の足跡を観察することにより、ある動物種を同定することができます。種によって足の着地のしかたが異なるからです。

哺乳類の着地のもっとも基本的な形態は、つま先から踵まで足底全体を着地して移動する蹠行であり両生類、爬虫類と同じです。ネズミ、クマやヒトを含む霊長類の大半が蹠行動物です。イヌ、ネコ、ウサギなど大部分の哺乳類は、趾行で、踵を浮かしていくつかの足の指だけで着地します。

ヒトも走るときは趾行となります。さらに、ウシ、ウマ、シカ、ヤギなどは指の変形した蹄で身体を支える蹄行で、ウマに代表される奇蹄目の蹄はヒトの中指と薬指の爪に相当します（図3）。

蹠行から趾行、蹄行への変化は移動の速度と効率を上げるために特殊化したものと考えられています。

3 飛ぶ

飛行には「滑空」と「羽ばたき飛行」があります。「滑空」とは翼を広げたまま徐々に高度を失いながら前進する飛行のことです。「羽ばたき飛行」とは筋肉をはたらかせて飛行時のエネルギーの損失を補いながら、高度を維持する積極的な飛行のことです。飛行のためには骨格や筋肉が軽くなるなど、体勢の特殊化が必要です。それで、飛行可能な動物の身体の大きさは限られています。

翼はどのように浮き上がる力を起こすのでしょうか？　薄い板が空気中を移動しているとき、板が受ける力には抗力と揚力の2つが考えられます。抗力とは板の速度を妨げる空気抵抗で、揚力とは進行方向に対する板の傾きに依存して、板を垂直・上向きに押

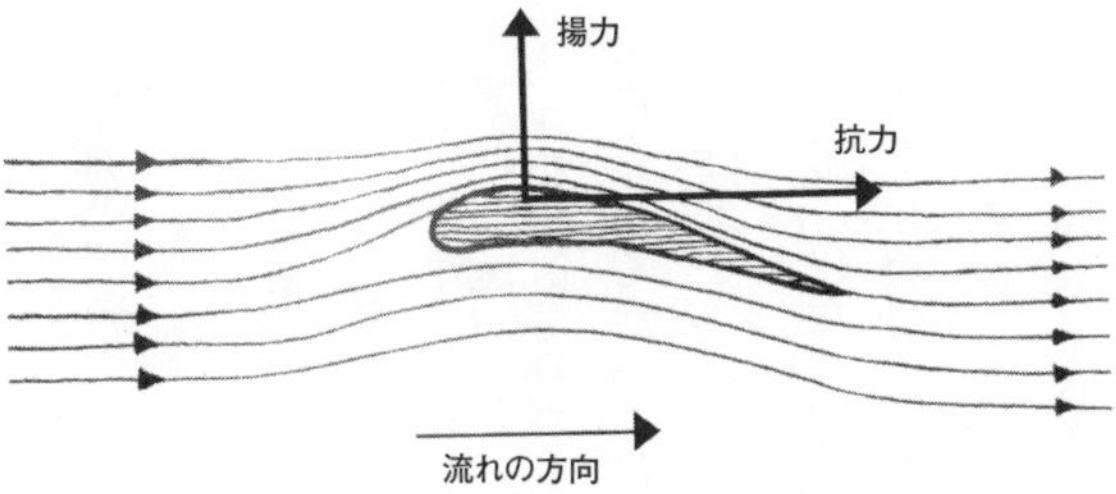

図４　飛行運動の揚力と抗力
翼を流体中で動かすときに、進行方向に対して垂直にはたらく力（揚力）と翼表面にはたらいて、その運動を妨げる力（抗力）の差により翼全体が上に押し上げられる。

し上げる力のことです（図４）。

筋肉のしくみ

動物の動きについて、遊泳、歩行、飛行のしくみを見てきました。これらの動きは筋肉の動き、収縮のはたらきによるものです。

焼肉、好きですか？　いろいろなメニューが並んでいます。私たちが食べている食肉の大部分は、動物の身体を動かす「骨格筋」です。カルビ、ロース、ヒレなどがその代表でしょう。一方、ホルモンとよばれているモツは小腸、ミノは胃（ウシの第1胃）、ハラミは横隔膜、コブクロは子宮で、すべてが「平滑筋」です。ハツは心臓で「心筋」です。

骨格筋と平滑筋のイメージがわきましたか？　では心筋はどうでしょうか？

1　筋肉の区分

（1）骨格筋、心筋、平滑筋

私たちの身体はさまざまな筋肉から構成されています。筋肉は骨格筋、心筋、平滑筋の3種類に分けられます。

骨格筋は姿勢を保ち、身体を動かしている筋肉で、基本的に2つの骨をまたいで付着しているため、筋肉が伸びたり縮んだりすることで、足や腕などを動かすはたらきがあります。

心筋は心臓の壁をつくる筋肉です。心臓は常に収縮と弛緩を繰り返して血液を送り出していますが、これは心筋のはたらきによるものです。

平滑筋は血管や消化管、膀胱、子宮などの臓器を動かす筋肉です。胃腸の壁をつくる平滑筋は、収縮することで蠕動運動を行い、食べ物などの内容物を移送させ、消化の助けをします。膀胱や子宮の平滑筋は、排尿や分娩のときに収縮します。

（2）随意筋、不随意筋

骨格筋、心筋、平滑筋は、機能的な面から「随意筋」と「不随意筋」に分けることができます。

随意筋は自分の意思で自由に動かすことができる筋肉で、骨格筋は足を曲げたり手を振ったりすることができます。

不随意筋は自分の意思で動かすことができない筋肉で、心筋や平滑筋は自律神経系による調節を受けています。

骨格筋と心筋には横に縞が入ったような模様が見られます。この特徴から、骨格筋と心筋を総称して「横紋筋」と言います（図5）。

筋肉の種類について、整理してみると図6のようになります。

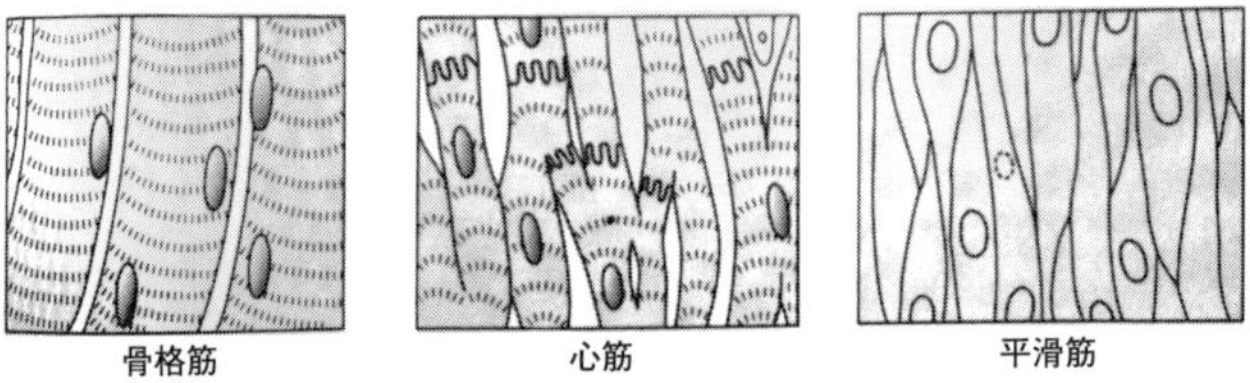

図5　筋肉の区分
心筋には骨格筋と同様、横紋が見られる。

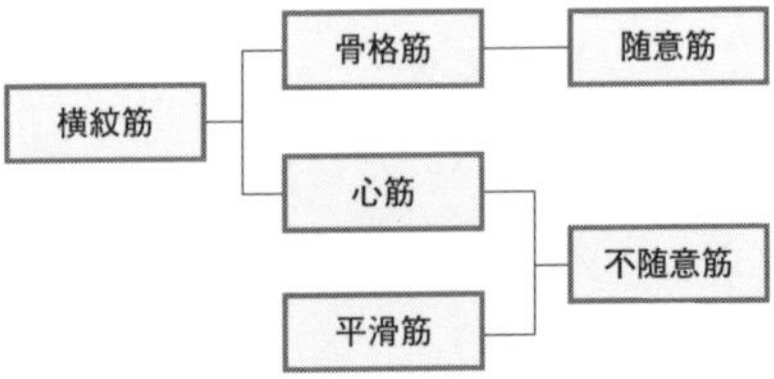

図6　筋肉の区分
筋肉の種類について、骨格筋、心筋、平滑筋を中心に包括的に示した。

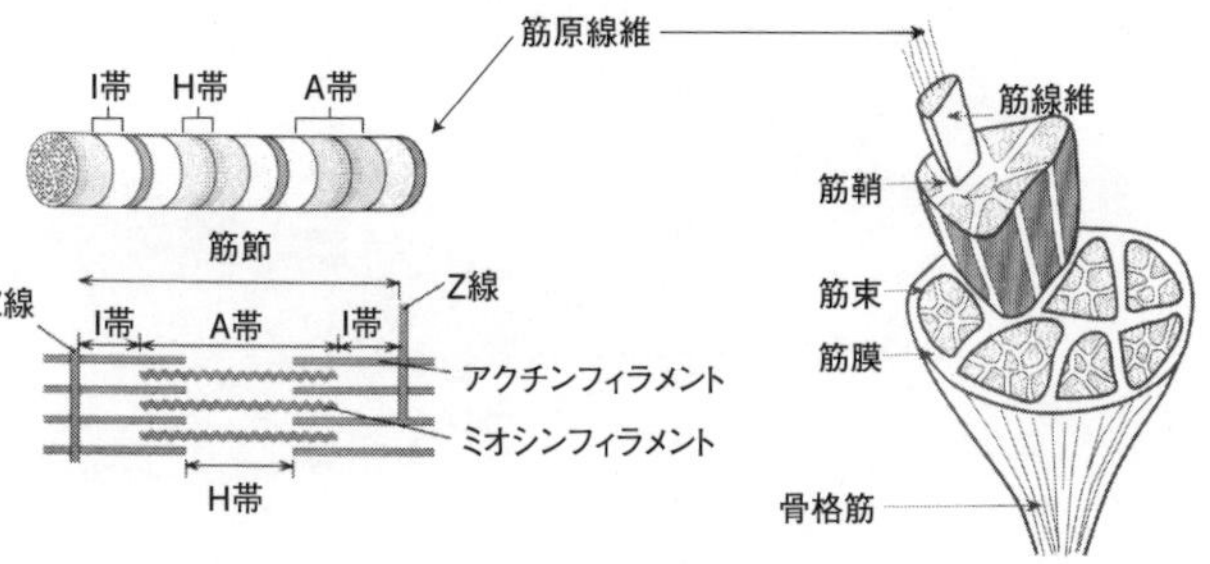

図7　骨格筋の構造

2　筋肉の構造

（1）骨格筋（図7）

骨格筋は多数の筋束が筋膜に包まれた構造で、筋束は無数の筋線維（1個の筋肉細胞で筋細胞ともよばれる多核細胞）とその細胞間を埋めて束ねる結合組織の集合体です。光学顕微鏡レベルで見ると、筋線維に明暗の横縞が見られるので横紋筋とよばれることはすでに述べました。

筋細胞は多核細胞で、細胞質は何本もの収縮性の強い筋原線維に変化しています。筋原線維には横縞模様があり、明るく見える部分を明帯（I帯）、暗く見える部分を暗帯（A帯）と言います。

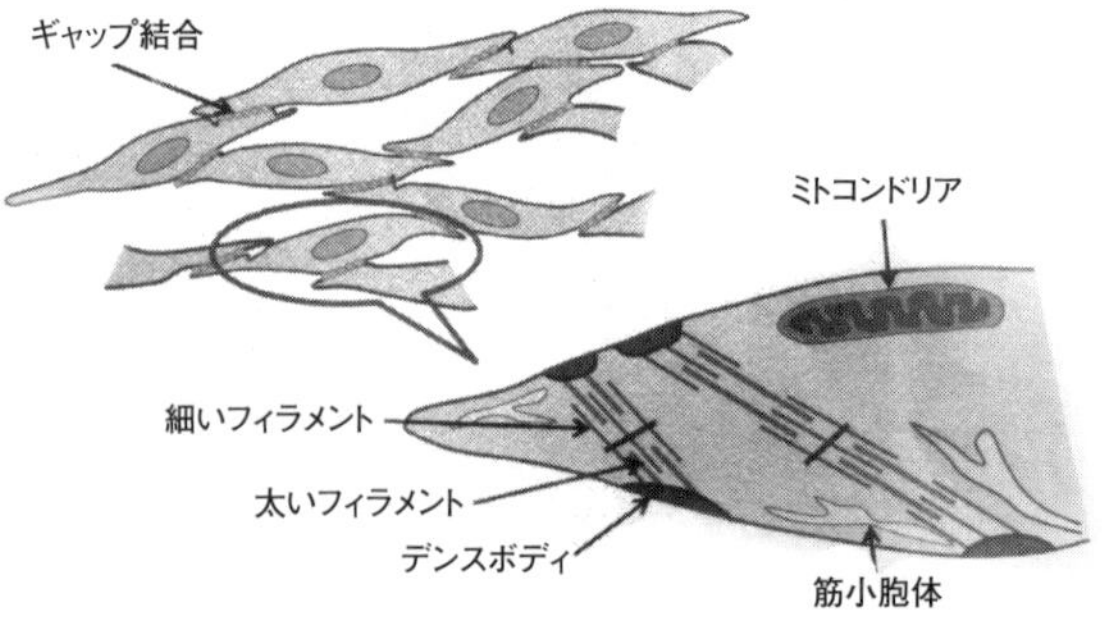

図8　平滑筋の構造
細いフィラメントと太いフィラメントの配列は不規則に並ぶ。

明帯の中央にZバンド（Z膜）とよばれるしきりがあり、ZバンドからZバンドまでを筋節とよびます。

暗帯の中央にはH帯とよばれるやや明るい縞模様が見られます。

さらに1本の筋原線維を電子顕微鏡で見ると、アクチン（タンパク質）からなる細いフィラメントとミオシン（タンパク質）からなる太いフィラメントが筋原線維のなかに繰り返し並んでいます。H帯はミオシンフィラメントのみからなる部分に相当します。

（2）平滑筋（図8）

平滑筋の個々の細胞は、隣り合う細胞がギャップ結合とよばれる特殊な結合でつながり、グループを構成しています。ギャップ結合は電気抵抗が低く、活動電位（興奮）が伝導しやすい構造をしているため、活動電位の経路となっています。ギャップ結合は骨格筋にはなく、心筋と平滑筋に見られる特殊な構造を示します。

平滑筋細胞にも太いフィラメントと細いフィラメントが存在していますが、それぞれが不規則に配列しているため、骨格筋や心筋のような横紋は見られません。フィラメントはデンスボディという構造でつなぎとめられています。

3 筋肉の収縮と弛緩

筋肉の収縮が起こるとき、筋節は筋収縮の最小単位となります。

筋肉細胞内にある筋小胞体からカルシウムイオンが放出され、そのカルシウムイオンがアクチンフィラメント上のトロポニンというタンパク質に結合すると、ミオシンフィラメントとアクチンフィラメントの連絡橋が形成されます。すると、ミオシンフィラメントの頭部がアクチンフィラメントを引き寄せ、アクチンフィラメントがミオシンフィラメントの間に滑り込むことによって筋収縮が起こります。これを「滑り込み現象」とよびます（図9）。

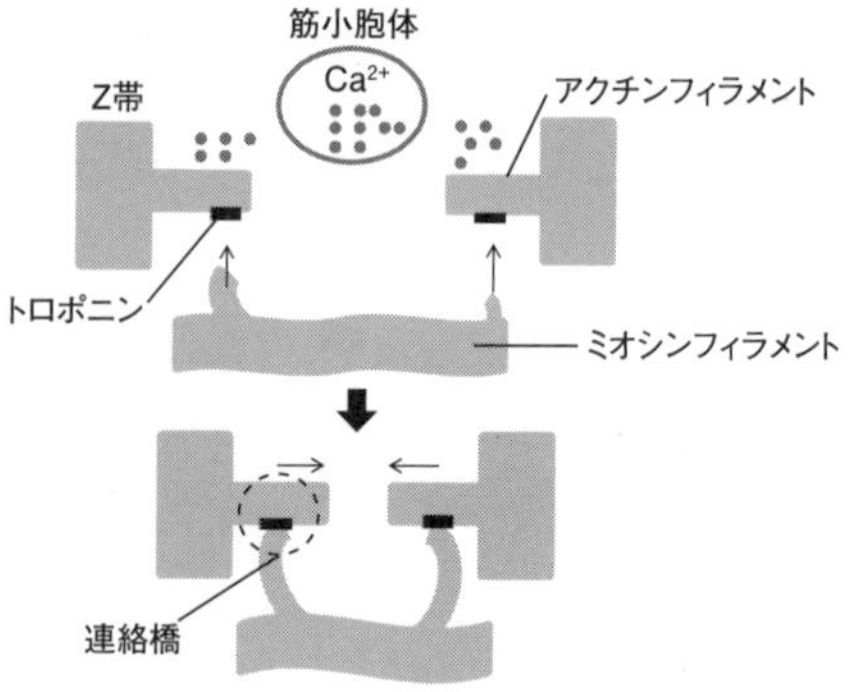

図 9　筋肉の興奮と収縮

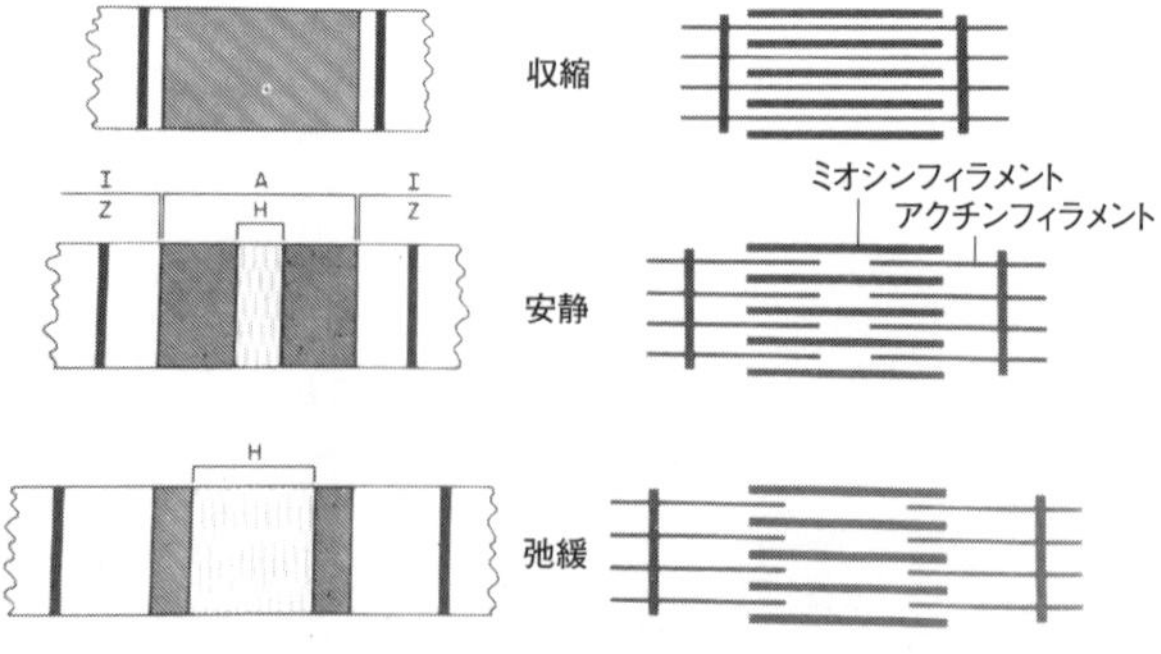

図 10　筋肉の収縮

筋肉が収縮するとき、アクチンがミオシンの間に滑り込み筋節の長さが短くなる。筋肉が弛緩するとき、アクチンがミオシンの間から滑り出て筋節が伸びる。

フィラメントが滑走するためにはエネルギーが必要です。細胞中にあるATP（アデノシン3リン酸）が分解され、ADP（アデノシン2リン酸）になるときに生じるエネルギーが利用されます。ATPは分解されADPとなり、筋収縮に必要なエネルギーを発生させた後、再合成されてATPとなります。ADPがATPへ戻るときに必要なエネルギーは、筋肉中のクレアチンリン酸（ホスホクレアチン）とリン酸に分解されるときに放出されたエネルギーが使用されてATPに戻ります。このようなサイクルを繰り返しています。ちなみに、筋肉中のATPが枯渇してしまうとカルシウムイオンを筋小胞体に送り返すことができなくなるので筋肉が収縮したままになり、筋痙攣を呈します。

筋肉が収縮するとき、各フィラメントの長さが変わることはなく、筋節の長さだけが短くなります（図10）。

4　神経筋接合部

筋肉が収縮するしくみについてはすでに述べましたが、「筋肉の収縮」というシグナルは神経から筋肉へどのように伝えられるのでしょうか？

筋肉にシグナルを伝える神経細胞は運動ニューロンです。その細胞体は脊髄にありま

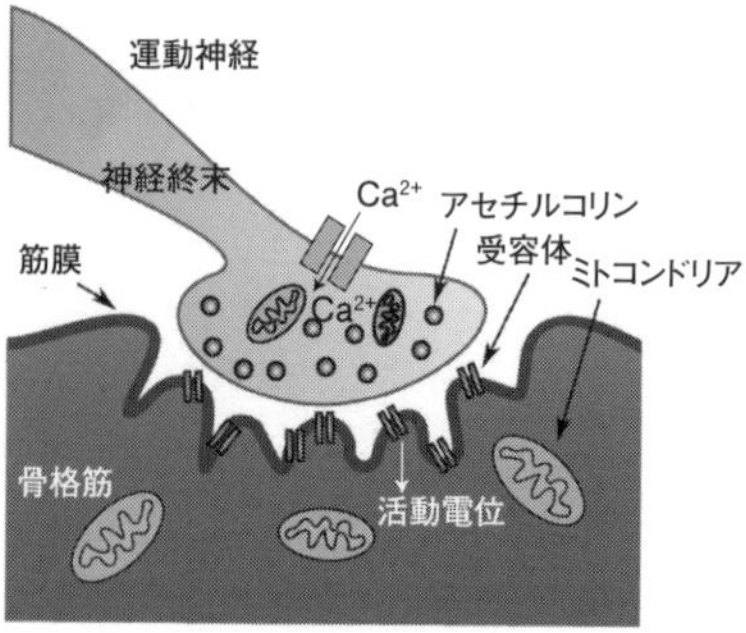

図11　神経筋接合部

す。多くの運動ニューロンの軸索が束になり、筋肉につながっている末梢神経のことを運動神経と言います。第1章で述べましたが、運動神経は感覚神経とともに「体性神経」とよばれています。

運動ニューロンの軸索を神経の興奮が伝わり、活動電位が神経終末に到達すると、終末内にカルシウムイオンが流れ込みます。すると、シナプス小胞が細胞膜に移動し、神経伝達物質であるアセチルコリンを放出します。アセチルコリンは筋線維膜上のアセチルコリン受容体（ニコチン性筋レセプター）に結合します。受容体が活性化すると、筋線維膜で電位変化が起こり（終板電位）、新たに活動電位が発生します（図11）。

筋線維に活動電位が発生すると、筋小胞体に蓄えられていたカルシウムイオンが細胞内に放出され、カルシウムイオンがトロポニンに結合し、筋収縮が起こることについては先に述べた通りです。

平滑筋、心筋にシグナルを伝える神経は自律神経系です（第1章参照）。

運動と行動のしくみ

日常会話において、「運動」や「行動」という言葉を耳にしますが、どのように使い分けているのでしょうか？　医学大辞典（医学書院）によると次のように説明されています。

運動 movement …骨格筋が収縮することによって関節が固定されたり動くことであり、健常では個々の筋関節が意識されることはない。生理学では、意図・目的が意識された随意運動、これらが意識されない不随意運動、反射運動などの分類がある。また中枢神経の関わりから、入力としての感覚刺激に対する出力としての意味にも用いられる。

行動 behavior …それぞれ特定の環境に生きる生物にとって、生きることはそれら環境条件と共存することであり、そのための生物から環境へのはたらきかけが行動である。しかも行動は環境からの刺激により変容するから、行動とは生物と環境との相互作用であることになる。このなかには呼吸や体温調節などの生理的反応から摂食、飲水、性行動などの本能行動、さらに感情、意志、思考など複雑な心理過程まで含まれるが、通常、行動とよぶのは特定の細胞や器官の作用ではなく、統合された生物個体の環境への反応を意味する。生物が生活し、子孫を生み育て、種を維持していくために、行動は本来、合目的的かつ適応的なものである。

具体的な筋肉のはたらきを主体に「運動」と「行動」について見てみましょう。

骨格筋によって身体を動かす運動のことを「体性運動」と言い、自覚的あるいは意図的に行われる運動、随意運動を指します。随意運動は、外界の変化を感覚器によってとらえ、その情報をもとに発現します。立つ、歩く、座るなどの日常生活動作も、走る、跳ぶ、投げるなどのスポーツの躍動も、踊る、楽器を奏でる、絵を描くなどの芸術の営みも、すべてが骨格筋のはたらきです。骨格筋のはたらきは「体性神経」によってコントロールされています。

平滑筋は、主に消化管、呼吸器、泌尿器、血管などの収縮など、内臓の動きを司ります。

すなわち、意図しないで出現する運動、あるいは意図的に止めることができない運動のことです。消化運動、呼吸運動、排尿運動、咀嚼運動など、平滑筋のはたらきで、自律神経系によってコントロールされています。

心筋は、心臓をリズミカルに収縮、拡張を規則正しく繰り返させて、動かしています（拍動）。心筋の運動は、主に自律神経系によって調節されています。

ちなみに、心臓が体外に取り出されても、心臓はしばらく単独で動き続けることができます。なぜでしょうか？　心臓の自動性によるものです。この心臓の自動性は、特殊心筋のはたらきによるもので、心臓が収縮する前に電気的な興奮を心臓に伝えています。この一連の興奮の経路を「刺激伝導系」と言います。

以下、動物を題材に、個々の運動や行動の調節に関与している神経（求心性、遠心性神経）と筋肉のはたらきについて見てみます。

1　体温調節行動

ヒトをはじめ恒温動物では、外部環境の温度が変化しても、生体の体温調節機構により体温は一定の範囲内に保持されています。

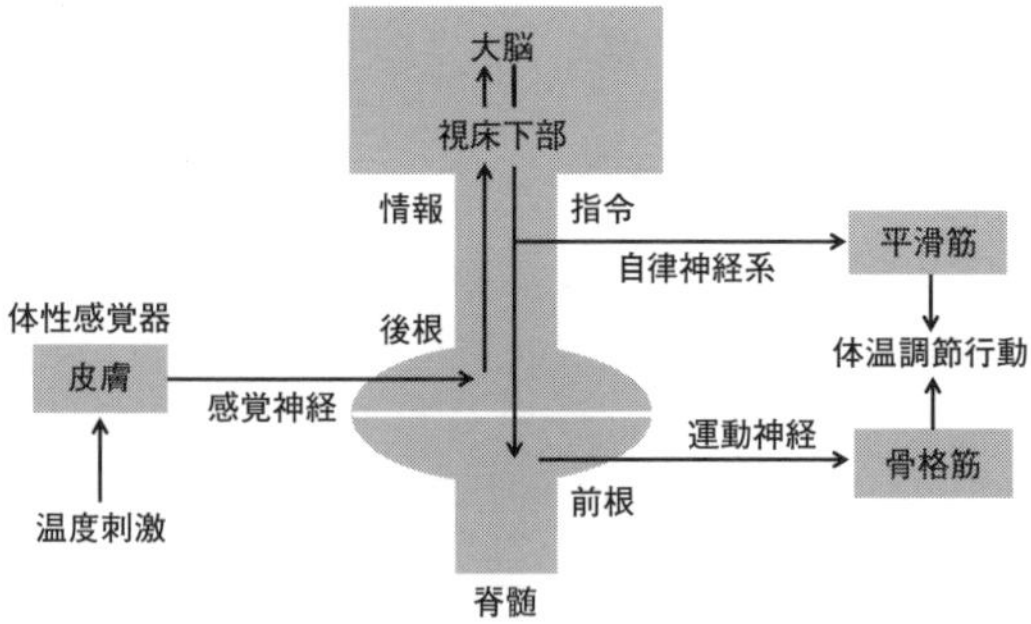

図 12　体温調節行動

皮膚が外界の温度の刺激を受容し、その刺激の信号を感覚神経が脊髄に伝える。脊髄はそのまま大脳にまで信号を伝える（上行伝導路）。大脳が外界の温度刺激を感受し、身体を外界の刺激から守るように出した指令が脊髄内を通り（下行伝導路）、運動神経や自律神経系を介して筋肉に伝わり、体温調節行動が起こる。

体温調節機構は、意識に上がらない自律性体温調節と意識的に行う行動的体温調節（体温調節行動）とに区別されます。

自律性体温調節には、自律神経系や体性神経系による調節および内分泌性調節があります。自律神経系ではふるえによらない代謝性の熱産生（非ふるえ熱産生）や熱放散の調節を行います。体性神経系ではふるえによる熱産生を調節します。内分泌性調節では、冷刺激に対して副腎皮質ホルモン、甲状腺ホルモン、副腎髄質ホルモンが分泌され、内臓および骨格筋で熱産生が増加します。一方、行動的体温調節とは、温度環境を選んだり、温度環境を調節する行動を起こします。動物では、具体的には場所の移動、巣つくり、体表の湿潤化、摂食・飲水などの行動をとります（図12）。

2 捕食行動

食物の種類で食性を区分すると、草食性、肉食性、雑食性および腐食性となります。たとえば、肉食動物（捕食者）が草食動物（被捕食者）を殺して食べる（捕食する）行動は捕食行動とよばれています。捕食行動には、被捕食者を探索し捕獲する狩猟行動と被捕食者から近づいてくるのを待ち伏せて捕らえる、待ち伏せ型行動が見られます。

では、被捕食者である草食動物は、一方的に肉食動物の餌食になってしまうのでしょうか？　外敵から身を守るために、草食動物は耳介を自由に動かす耳介筋が発達していて、ウマではまるでレーダーのように左右別々に耳介を180度動かすことができ、あらゆる方向からの音波を聞いています。さらに眼球は顔の側面に位置しており、ほぼ360度に近い全方向を見渡すことができます。つまり、外敵がどの方向から近づいてきても分かるように発達したのです。最終的には外敵から素早く逃げる（逃走行動）ためです。

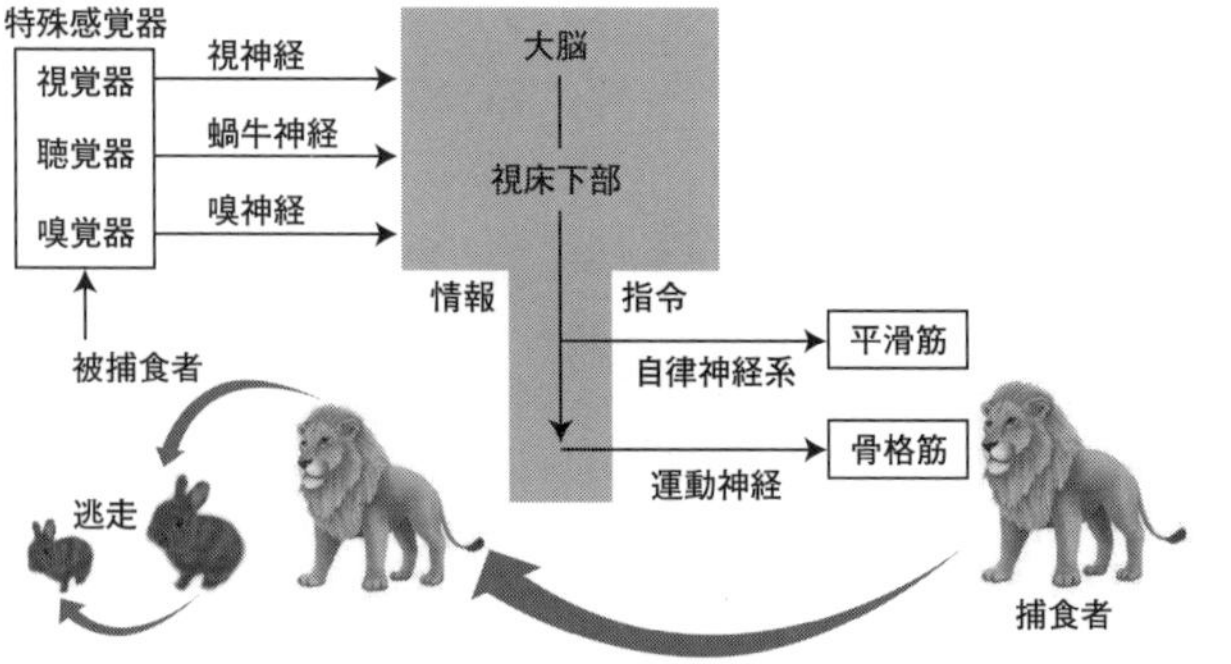

図 13　捕食行動
特殊感覚器が被捕食者を受容し、その刺激の信号を感覚神経が大脳に伝える。大脳が被捕食者を感受し、被捕食者を捕らえるように出した指令が脊髄内を通り、運動神経や自律神経系を介して筋肉に伝わり、捕食行動が起こる。

捕食者は被捕食者の存在を視覚、聴覚および嗅覚器でとらえ、その情報を感覚神経が大脳（視覚野、聴覚野、嗅覚野）に伝えます。大脳は被捕食者と認識し、それを捕らえるように指令します。指令の信号は脊髄内を通り、運動神経が骨格筋まで伝えます。このようなことは、被捕食者にも同じように起こり、捕食者の存在を大脳が認識し、それから逃げるように指令します（図13）。

3　生殖行動

性行動の発現には、交配相手の探索、発見を必要とします。母性行動発現の対象は新生子です。これらの対象者を視覚、

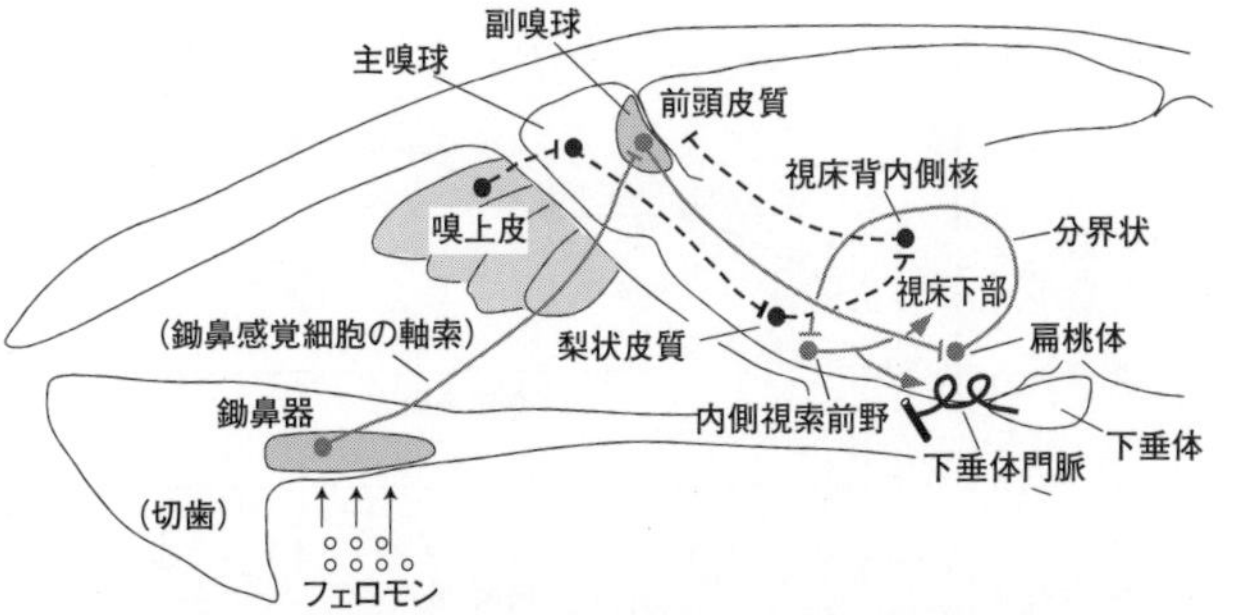

図 14　フェロモン情報の神経回路（横須賀誠 原図）
フェロモンは鋤鼻器で受容され、その情報は副嗅覚系（実線）神経経路を経て視床下部に至る。破線は主嗅覚系神経回路を示す。

聴覚、嗅覚、触覚などの感覚系を通して知覚するわけですが、齧歯目、偶蹄目などにおいては、特に嗅覚刺激が優先されるようです。生殖行動に関する動物種内の嗅覚情報は、一般にフェロモン pheromone として知られています。

フェロモンは同種動物の個体間で発信、受信が行われている化学信号であり、その成分は昆虫などが脂肪酸であるのに対して、哺乳動物では水溶性のタンパク質であると言われています。フェロモンの受容体は鋤鼻器であり、フェロモン情報は鋤鼻神経を介して、副嗅球、内側扁桃核を経て視床下部の内側視索前野、腹内側核に達します[1]（図14）。この内側視索前野および腹内側核は、電気破壊、刺激などの実験により、性行動、母性行動の中枢であることが認められています。したがっ

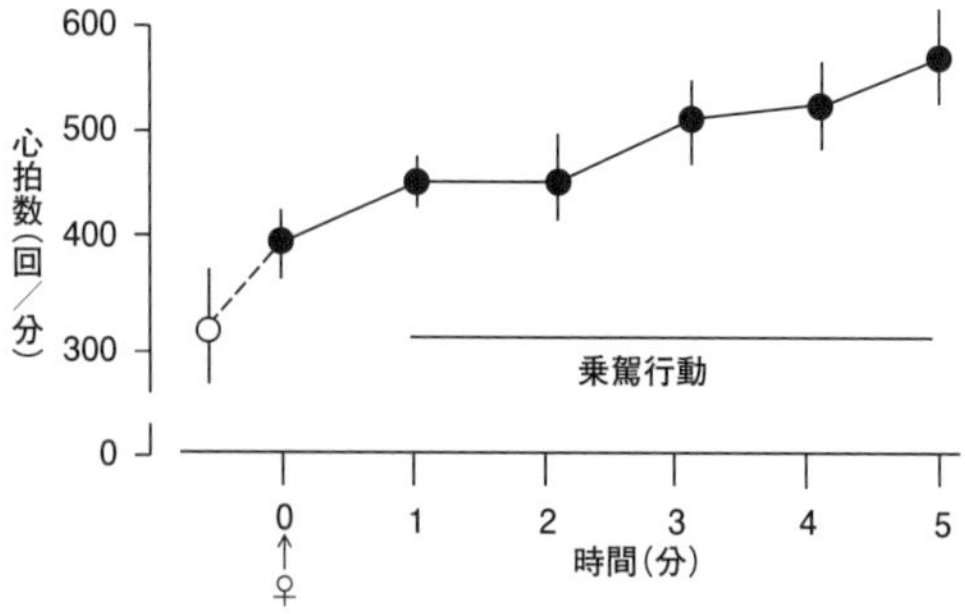

図 15　ラットの交尾行動における心拍数の推移
発情メスの導入（↑）後、交感神経の興奮による心拍数の上昇が見られる。

て、鋤鼻器の破壊、または鋤鼻器 - 副嗅球系神経路の切断は性行動および母性行動の発現に影響を及ぼすことが知られています。

（1）交尾行動

オス動物は、発情メス動物から放出される性フェロモン sexual pheromone によって性的興奮 sexual arousal し、心拍数の上昇が起こり[2]（図15）、ついで乗駕 mount、ペニスの挿入 intromission、射精 ejaculation が発現します。

鋤鼻器の機能が交尾行動と関連していることは、マウス、ラットおよびハムスターで実験的に証明されています。鋤鼻器の摘出手術により交尾行動の低下が見られており[3]、この低下傾向は交尾未経験ラットが交尾経験ラットよりも

図16　ラットのロードーシス行動
ロードーシスは知覚神経情報が運動神経情報に置き換えられ発現する。

強く現れます[4]。

（2）ロードーシス lordosis

発情状態にあるメスラットに顕著に見られる性行動として、オスと一緒にするとオスを勧誘する行動 soliciting behavior、たとえばピョンピョン跳ねながら逃げる行動 hopping や耳介を振るわせる行動 ear-wiggling などが観察されます。

ついで、ロードーシス行動が見られます。オスの乗駕に反応して、発情しているラット、ハムスターなどのメスでは、図16に示すように脊柱を湾曲させ、後肢と前肢を伸展させ、臀部と頭部を持ち上げる姿勢を示します。この状態をロードーシスと言います。

図 17　齧歯目の母性行動
R: リトリービング　L: リッキング　Nb: 巣つくり行動　C: クラウチング

オスが乗駕するとき、オスの前肢が接触する、メスの皮膚の知覚神経の切断によってロードーシスが発現しなくなります。このことは乗駕による皮膚刺激が知覚神経を介して中枢神経系に投射された結果、ロードーシスが引き起こされたことを示唆しています。さらに、頭部と臀部を持ち上げるには、その部分の筋肉の収縮を必要とし、運動神経の興奮も必要となります[5]。すなわち、ロードーシス行動はホルモン情報と知覚神経情報が運動神経情報に置き換えられ発現するのです。

（3）母性行動 maternal behavior

母動物に見られる就巣、保育、外界からの危害に対する保育子の保護などの母性的行為は母

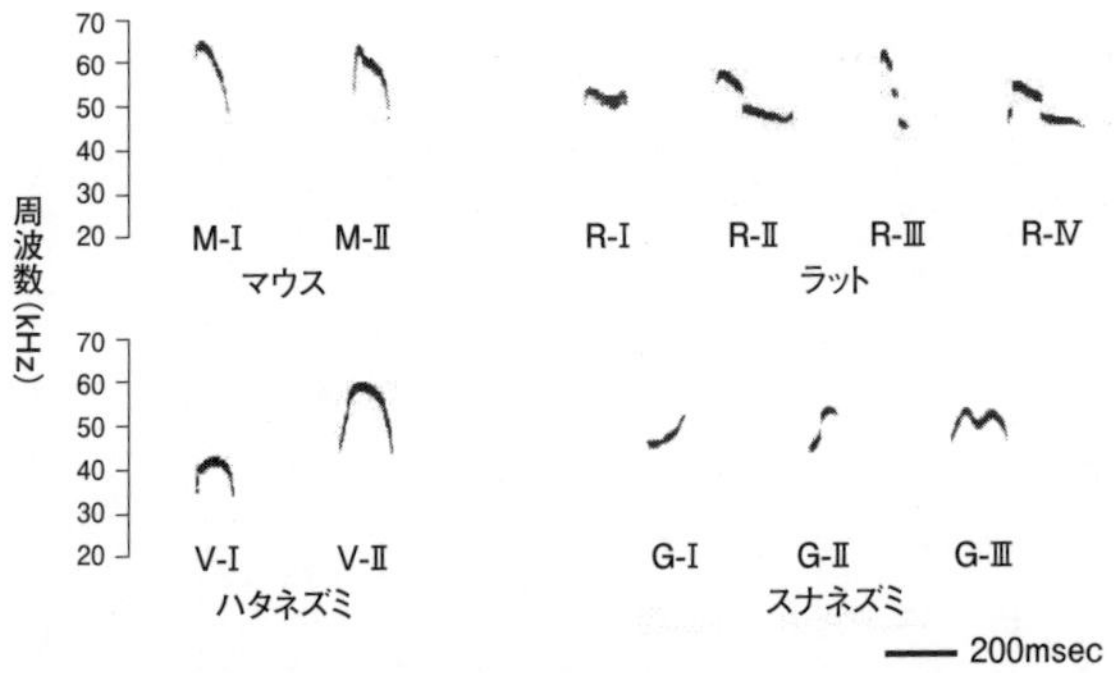

図 18　齧歯目のアイソレーションコーリングのソナグラム

性行動と言われていますが、広義にはオスに見られるこれと類似の行動も母性行動と考えられています。

マウス、ラット、シリアンハムスターなどのように赤子で生まれてくる新生子は母親の擁護が必要です（図17）。また、乳子の体温中枢の発達は未熟なために、母親からの分離は、乳をもらえないことと同時に体温の下降により死に至ることを意味します。

仮に乳子が母親と離れるような危険が生じた場合、乳子はアイソレーションコーリングという超音波（図18）を発します[6-9]。超音波は母親の聴覚器に届くと、電気信号に変換された情報が、聴覚の神経路を通って母性行動を引き起こす神経回路に到達します。それは、リトリービング（乳子を巣へ寄せ集める）行動を誘発することになります[9-11]。

乳子のニオイ[12]や動きも母親にリトリービング行動を促進させます。母親の嗅覚器で乳子のニオイ、視覚器で乳子の動きをそれぞれ電気信号に変換し、嗅覚神経路、視覚神経路を通って母性行動の神経回路に到達します。

母親は乳子の身体、特に排泄器の部分を舐める行動を示します（リッキング行動）。リッキング行動は乳子の排尿排便を促します。つまり、舐められた刺激は乳子の脊髄を通って膀胱や肛門の筋肉を拡張させるはたらきをします。

乳子は母親の乳首を探して吸引します。乳子は未だ眼が閉じているため、母乳のニオイをたよりに、乳首を探すことになります。その際、母親のお腹の下にもぐり込むことになります。すると、母親はその刺激でクラウチングという、四肢を踏ん張り、背中を丸めてお腹の下に空間をつくる姿勢を示します。この姿勢は、乳子による接触刺激の感覚が脊髄を通って脳に入り、母性行動の神経回路を介して、クラウチングに関する筋肉に指令が出されることで生じます。

このように、齧歯目の母性行動は乳子から発せられる情報が、母親のすべての感覚器を介して、母性行動を調節する神経回路に達することで生じるわけです（図19）。

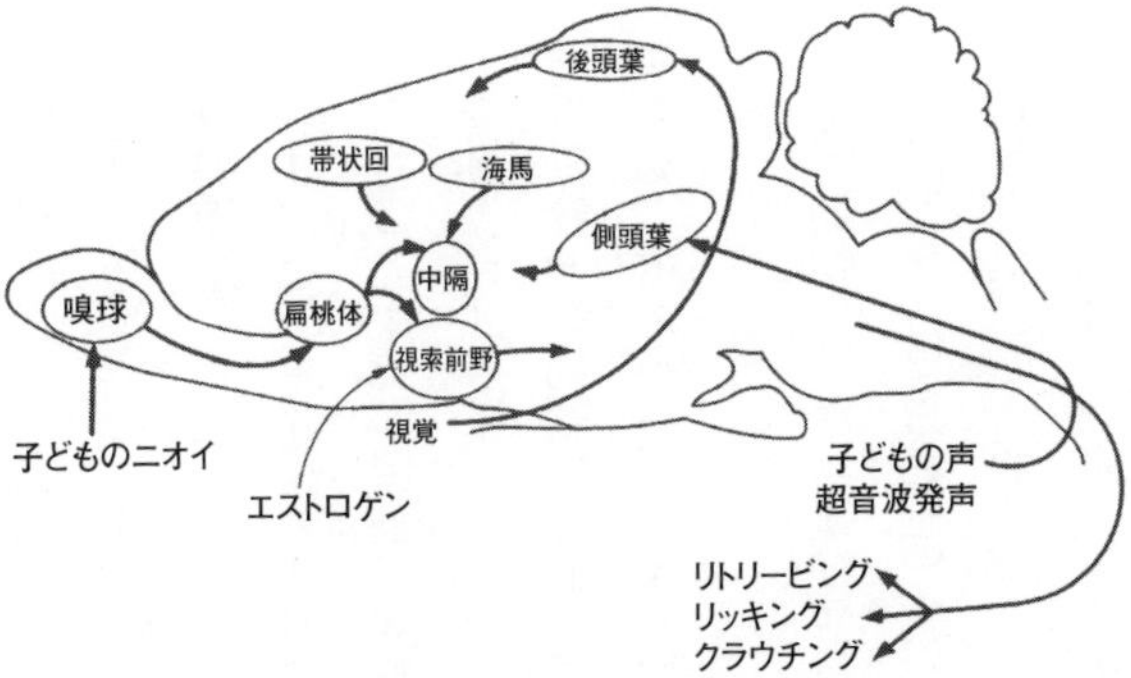

図 19　母性行動の神経回路（山内兄人 原図）
新生子からの情報が脳に入力される神経回路と脳からの指令（母性行動）が筋肉に出力される神経回路がある。

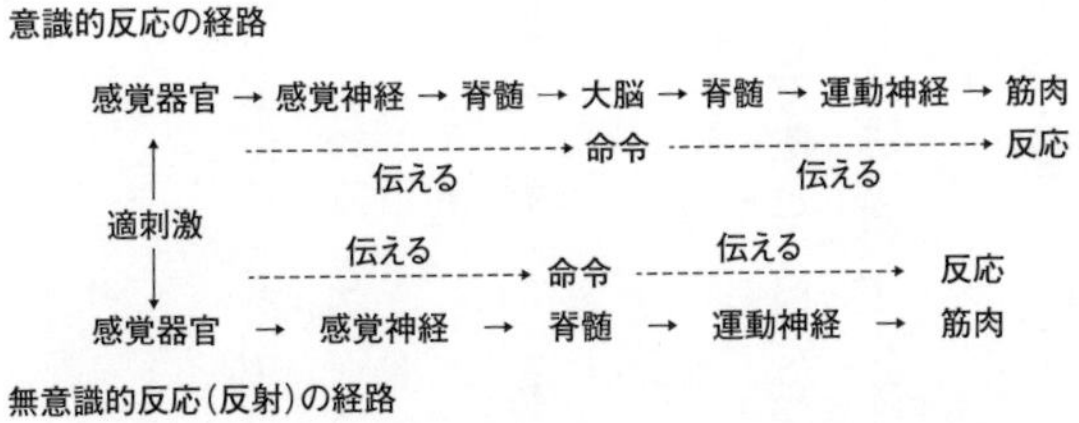

図 20　意識的反応と無意識的反応における神経経路
意識的反応：刺激信号は大脳まで伝えられ、大脳が命令を出す。
無意識的反応：脊髄が命令を出し、信号は脊髄で折り返す。

そこでは、脳と脊髄のいろいろな神経核が関係して微妙な調節がなされていることになります。

4 反射運動

反射は、たとえば侵害性の刺激が加わったときに素早く手を引っ込める屈曲反射や膝蓋腱を打つと大腿四頭筋が収縮して膝関節が伸展する膝蓋反射のように、生得的な無意識の運動と言えます。

脊椎動物や徐脳動物においても観察されることから、脊髄・脳幹などの下位の中枢に内存すると考えられています。

以上、動物の動き（運動や行動）における神経と筋肉とのはたらきについて見てきました。「動き」は自覚的あるいは意図的に行われる意識的反射と意図しないで出現する不随意反射に分類されます。

最後に、意識的反応と無意識的反応における神経経路について、その概要を図20に示します。

参考文献

1 Halpern M: Ann. Rev. Neurosci., 10: 325-362, 1987.
2 Saito TR, et al.: Scand. J. Lab. Anim. Sci., 28: 108-113, 2001.
3 Powers JB & Winans SS: Science, 187: 961-963, 1975.
4 Saito TR & Moltz H: Physiol. Behav., 37: 507-510, 1986.
5 山内兄人、新井康允：ヒューマン サイエンス 2：70-80, 1990.
6 Hashimoto H, Saito TR, et al.: Exp. Anim., 50: 313-318, 2001.
7 Motomura, N, et al.: Exp. Anim., 51: 187-190, 2002.
8 Hashimoto H, et al.: Exp. Anim., 53: 409-416, 2004.
9 Allin JT & Banks EM: Devel. Physiol., 4: 149-156, 1971.
10 Sewell GD: Nature, 227: 410, 1970.
11 Rowell TE: Proc. Zool. Soc., 125: 265-282, 1960.
12 Saito TR: Zool. Sci., 3: 919-920, 1986.

参考図書

・櫻井富士朗、尾形庭子、斎藤徹、岡ノ谷一夫：行動学と関係学、アドスリー、2000.
・近藤保彦ほか 編：脳とホルモンの行動学、西村書店、2010.
・斎藤徹 編著：性をめぐる生物学、アドスリー、2012.
・斎藤徹 編著：母性をめぐる生物学、アドスリー、2012.
・Carlson NR: Physiology of Behavior, Allyn and Bacon, Inc., 1981.

第3章

神経と遺伝子のしくみ

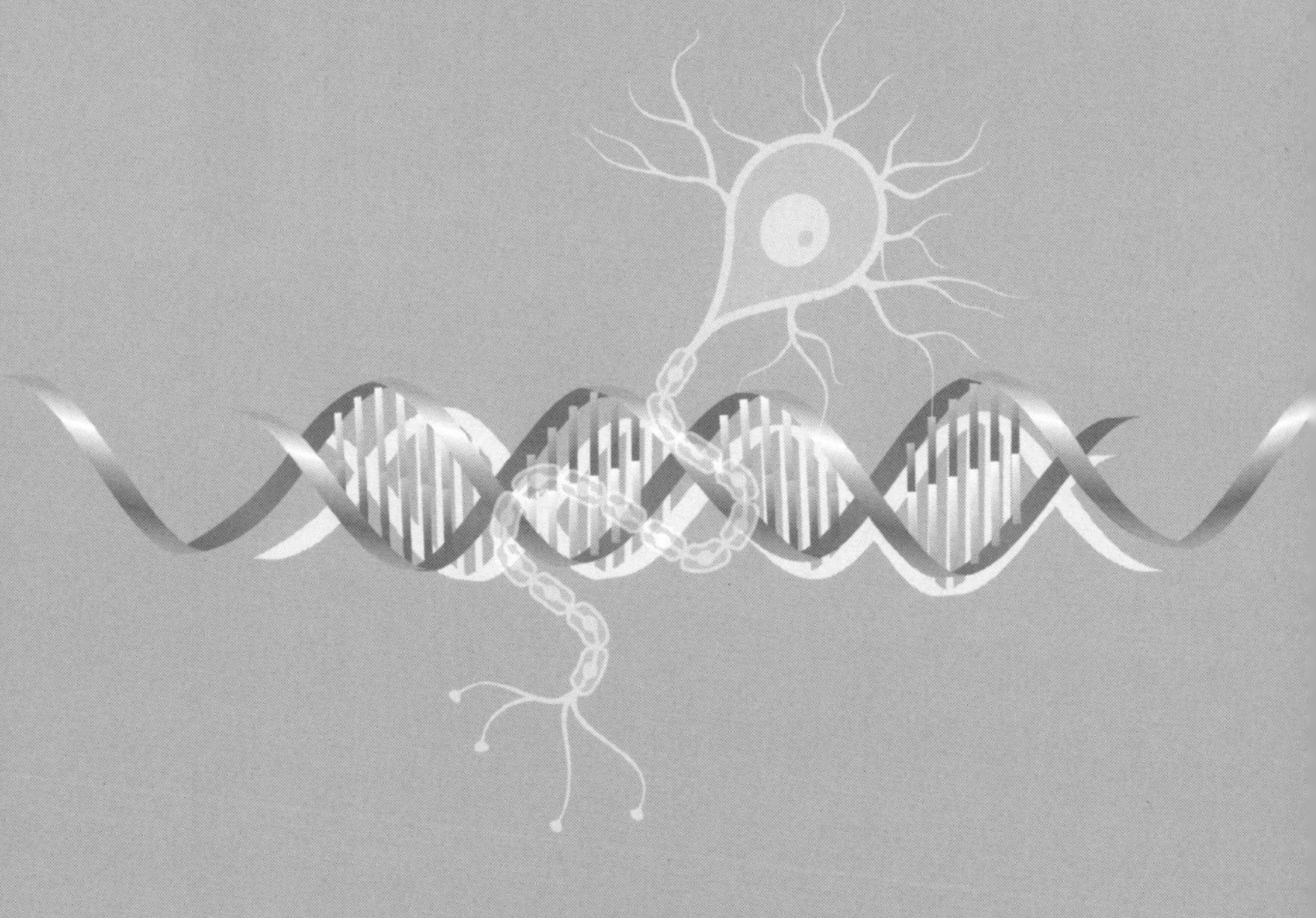

田中 実
日本獣医生命科学大学名誉教授

はじめに

私たちの身体は何10兆個もの細胞から成り立っていますが、もとは一個の卵子に精子が受精した受精卵が分裂して増えて行き、その過程で特殊な役割を担う細胞に変化(分化)し、脳をはじめ、心臓、肝臓、腎臓、筋肉など、多くの組織の集合体となったものです。すべての細胞はもとの受精卵から受け継いだ同じ遺伝子を持っていますが、その機能は組織のなかでの役割によって異なっています。それぞれの細胞の機能は細胞が有するタンパク質が担っていますが、どのようなタンパク質をつくるかは遺伝子の命令によって決まります。つまり細胞の機能が異なるのはその細胞ではたらく遺伝子が異なるためです。したがって、多くの細胞の集団が動物個体として機能するためには、各細胞の機能を担うタンパク質の遺伝子が必要なときにだけはたらくように調節することが必要です。

近年、遺伝子の機能を改変する「遺伝子組換え技術」(遺伝子工学)の発達により、多くのタンパク質の遺伝子の調節のしくみが明らかにされてきています。当初は単細胞微生物である大腸菌において確立された技術ですが、体外で培養することができる動物の細胞に応用され、個々の細胞における遺伝子の調節のしくみが明らかにされてきました。しかし、動物個体における特定の遺伝子のはたらきを明らかにするには、生殖細胞の段階で「遺伝子操作」を行い、すべての細胞において特定の遺伝子が改変されている動物個体を得ることが必要です。特に学習、思考、行動など、脳の機能に関与する遺伝子のはたらきは動物個体で調べることが不可欠です。そのため、体外で培養し機能が維持できる受精卵や胚性幹細胞（ES細胞）といった生殖細胞に対して遺伝子組換えを行い、遺伝子改変動物を作製する方法が確立されてきました。そして現在では神経細胞ではたらく学習能力を左右する遺伝子などの機能を人工的に改変することまでできるようになってきています。

本章では、遺伝子改変技術の進歩により明らかにされてきた脳の機能に関わる遺伝子のはたらきを紹介します。こうした技術、特に最近話題の「ゲノム編集技術」は人間にも容易に応用可能な技術として注目されています。

脳の構造とはたらき

ヒトの脳には千数百億個もの神経細胞（ニューロン）が存在しますが、脳の部位によっ

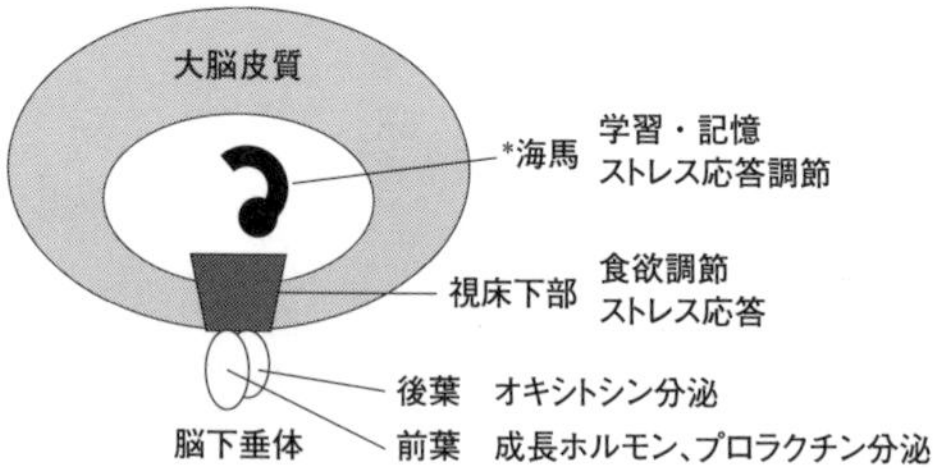

図1　本章で取り上げる脳部位と脳下垂体の概略図
＊海馬は脳の左右に１つずつ１対あるが、片側だけを表示

てニューロンの役割、すなわち扱う情報の種類は異なっています。たとえば学習により覚えた情報はまず大脳辺縁系とよばれる領域にある海馬という部分に貯えられます。海馬に繰り返し入ってくる情報は重要な情報として選別され、大脳皮質に送られて記憶されます。かけ算の九九を何度も暗唱して記憶するといつまでも忘れないのは重要な情報として大脳皮質に記憶されたからです。逆に一回限りの情報は重要な情報と認識されず、大脳皮質に送られることなく忘れ去られてしまいます。

各部位における個々のニューロンのはたらきを調べるのは簡単ではありませんが、近年の遺伝子組換え技術の進展により、各部位におけるニューロンの遺伝子のはたらきが明らかになってきています。本章では、図1の概略図に示した学習・記憶、食欲、母性、ストレス応答などに関与する脳部位における遺伝子のはたらきを取り上げます。

神経細胞のはたらくしくみ

ニューロンは他の細胞とは異なる独特の形状をしています。核の存在する細胞体から他のニューロンと連絡をするためのたくさんの突起が伸び、ニューロン間の情報のネットワークが形成されています。ニューロン間の情報の連絡に使われる信号は電気信号のようなもので、ある情報の刺激が1つのニューロンに伝わるとそのニューロンが興奮した状態になり、その興奮の信号が他のニューロンに伝わります。また、ニューロンには興奮の信号だけではなく、興奮を抑制する信号も伝わります。

信号を伝える側のニューロンAと受け取る側のニューロンBの連絡場所はシナプスとよばれ、シナプス間隙という隙間があります（図2）。ニューロンAの終末部には神経伝達物質を貯えたシナプス小胞があります。興奮の信号がニューロンAの終末に達すると、シナプス小胞のなかの神経伝達物質がシナプス間隙に放出され、放出された神経伝達物質はニューロンBの細胞膜に存在する受容体と結合します。するとそれが引き金と

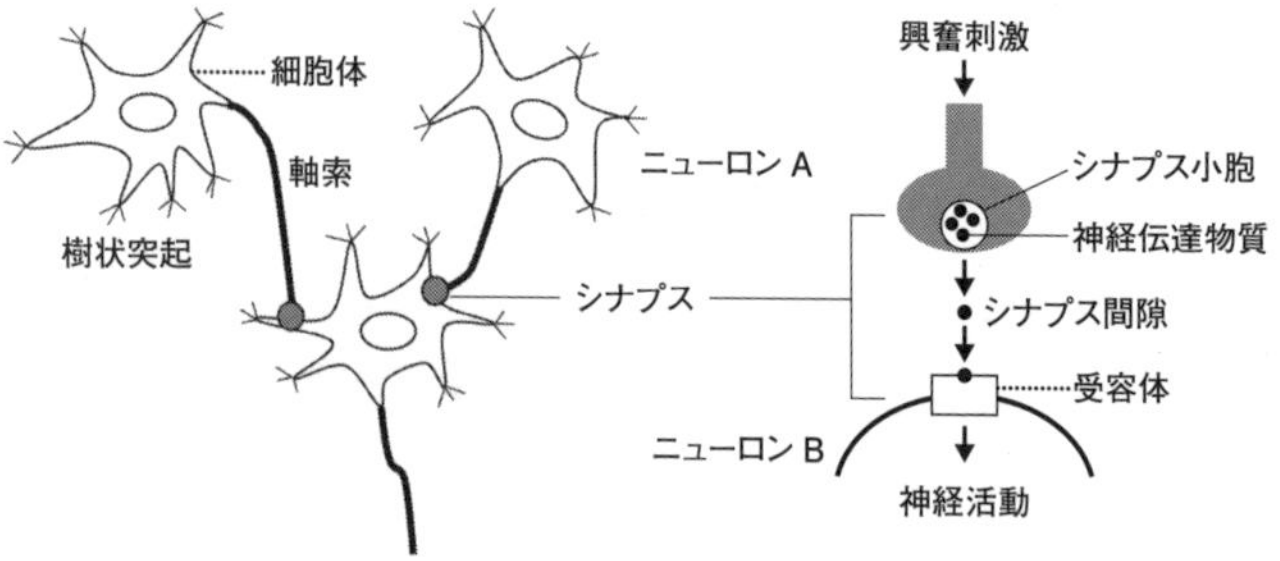

図2　ニューロン間の興奮の伝達のしくみ

なってニューロンBが興奮し、神経活動が生じます。どのような神経活動が生じるかは、ニューロンAの神経伝達物質の種類とニューロンBの受容体の役割によって異なります。

遺伝子の構造と自己複製

ほとんどの生物の遺伝子の本体はデオキシリボ核酸（DNA）で、アデニン（A）、グアニン（G）、シトシン（C）、チミン（T）の4種類の塩基を有するデオキシリボヌクレオチドがたくさんつながった2本の糸状の分子がラセン状に合わさった2重ラセン構造をしています（図3左）。つまり遺伝子はA、G、C、Tという4種類の塩基がいろいろな順番で並んだ情報テープのようなもので

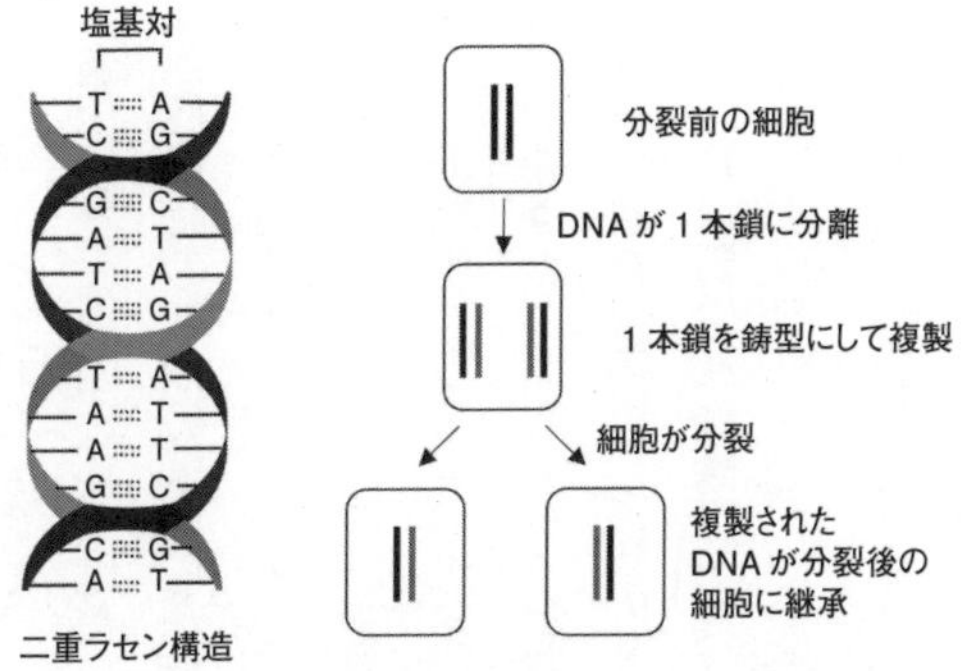

図 3　DNA の二重ラセン構造と細胞分裂時の複製

す。DNAの2重ラセン構造では、2本のDNA鎖の向かい合った塩基のAとTが2か所で、GとCが3か所で、水素結合という弱い結合で対合しています。したがって、片方の1本鎖の塩基の並び順がG、A、T、C…であればもう一方の1本鎖の塩基の並び順はC、T、A、G…となっています。このように互いに塩基対を形成するDNA鎖を「相補鎖」と言います。細胞が分裂するときには元の細胞の2本鎖DNAが1本鎖に別れ、それぞれの1本鎖DNAを鋳型にして相補鎖が合成されます。その結果、2分子の2本鎖DNAが複製され、それぞれが分裂後の細胞に受け継がれます（図3右）。ですから、互いに相補的な塩基配列を有するDNAの構造は、自己複製するための理想的な構造なのです。

タンパク質の設計図としての遺伝子の機能

遺伝子であるDNAのもう1つの機能はタンパク質の設計図としての機能です。図4は遺伝子が設計図としてはたらくしくみを示したものです。遺伝子はマスター設計図ですから細胞のなかの区切られた構造である核のなかに常に納められています。ところがタンパク質の合成は核の外で行われます。そこで、タンパク質の合成に必要な遺伝子の塩基配列を、RNA合成酵素がメッセンジャーRNA（mRNA）に転写（コピー）します。このとき、DNAの塩基のG、C、Tはそれぞれ塩基対を形成するC、G、Aに転写されますが、DNAのAは塩基対を形成するウラシル（U）に転写されます。

合成されたmRNAは核の外に出ていき、タンパク質合成の設計図として使われます。タンパク質は20種類のアミノ酸がつながったものですが、mRNAの塩基の種類はC、G、A、Uの4種類だけです。しかし4種類のC、G、A、Uから3つの塩基の並びの組み合わせは64通りできます。そこでmRNAの塩基配列が3塩基ごとにアミノ酸として読み取られていきます。すなわち、mRNAの塩基配列がタンパク質のアミノ酸配列に翻訳されます（図4）。したがって、DNAの塩基配列がタンパク質のアミノ酸配列

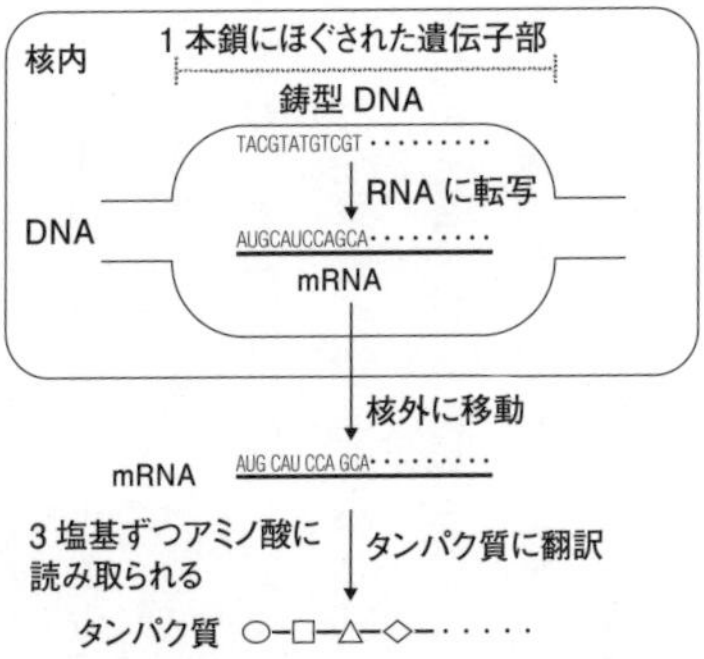

図4　DNA の遺伝子部の RNA への転写とタンパク質への翻訳

を決めているということになります。

遺伝子改変動物の作製法

1　PCRによる目的遺伝子の増幅法

遺伝子改変動物を作製するためには、動物の遺伝子DNAから改変したい特定遺伝子を取り出さなければなりません。従来の方法では、まず、動物の組織から抽出した遺伝子DNAをDNA分解酵素で適当な長さの断片にし、個々のDNA断片を大腸菌に取り込ませます。こうして得られた動物の個々の遺伝子断片を有する大腸菌の集団から特定の遺伝子を持った大腸菌を見つけ出すわけですが、それは砂粒のなかから1個の金の粒を見つけ出すようなもので、多大な労力を必要としました。

そうしたなか、１９８８年に米国のシータス社の研究者キャリー・マリス博士により「ポリメラーゼ連鎖反応」（ＰＣＲ）という短期間で簡単に特定ＤＮＡを増幅する技術が開発されました[1]。ＰＣＲの原理はいたって簡単で、細胞内で行われているＤＮＡの複製反応を生体外で行うようにしたものです。反応に必要な成分は、ＤＮＡ合成酵素、鋳型ＤＮＡ、４種類の塩基のデオキシリボヌクレオチド三-リン酸、それにプライマーＤＮＡです。プライマーＤＮＡは合成したい鋳型ＤＮＡの両端の配列と塩基対で結合する20塩基程度の１本鎖ＤＮＡで、プライマーが結合して２本鎖になったところを起点として、ＤＮＡ合成酵素が鋳型と相補的な配列を持つＤＮＡ鎖を合成します。このＤＮＡ合成反応を何度も繰り返せば特定ＤＮＡ部分を増幅することができますが、そのためにはまず反応液の温度を１００℃近くに加熱して２本鎖のＤＮＡを１本鎖にしなければなりません。ところが通常の生物のＤＮＡ合成酵素は１００℃近くの高温では変性してしまい、酵素のはたらきを失ってしまいます。そこで注目されたのが温泉などの高温の環境下でも生きている耐熱性微生物のＤＮＡ合成酵素です。耐熱性のＤＮＡ合成酵素を用いることにより、ＰＣＲ装置に必要な成分を含む反応液をセットし、鋳型ＤＮＡを１本鎖にする95℃、プライマーを１本差ＤＮＡに結合させる60℃、耐熱性ＤＮＡ合成酵素にＤＮＡを合成さ

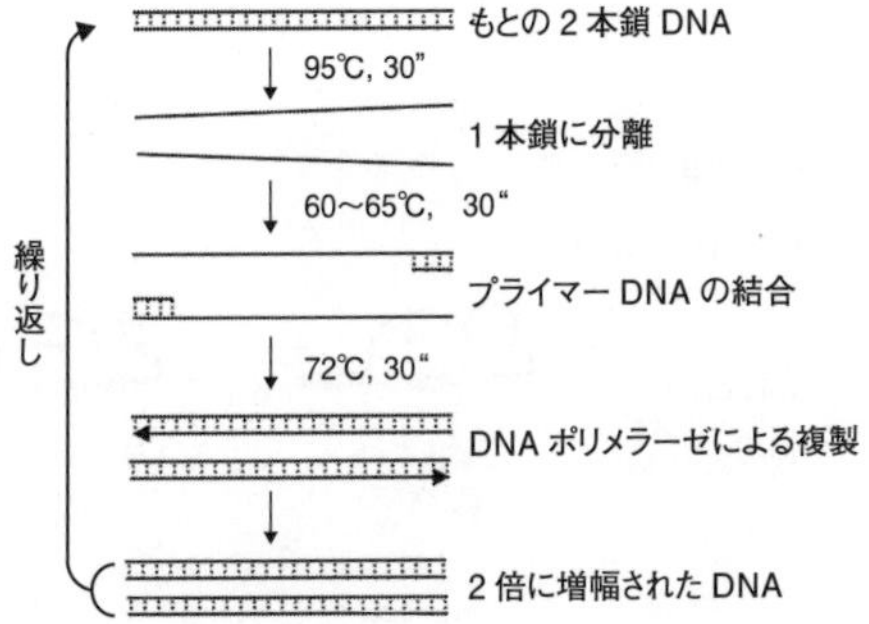

図5　PCRによるDNAの増幅

せる72℃の各ステップを順次数十秒間繰り返すサイクルを30回ほど行えば、1時間程度で目的とするDNAを大量に合成できます。PCR装置に温度、時間、サイクル数をあらかじめプログラムしておけば、自動的にDNAが合成されます（図5）。

遺伝子改変動物の作製には機能を人為的に変化させた遺伝子DNAの作製が必要ですが、そのためにはPCRがなくてはならない技術です。また、医療における遺伝子診断、親子鑑定、犯罪捜査における個人の特定など、社会においても役立つ技術となっています。

2　トランスジェニックマウス（遺伝子追加マウス）

遺伝子を人為的に改変した動物における特定の

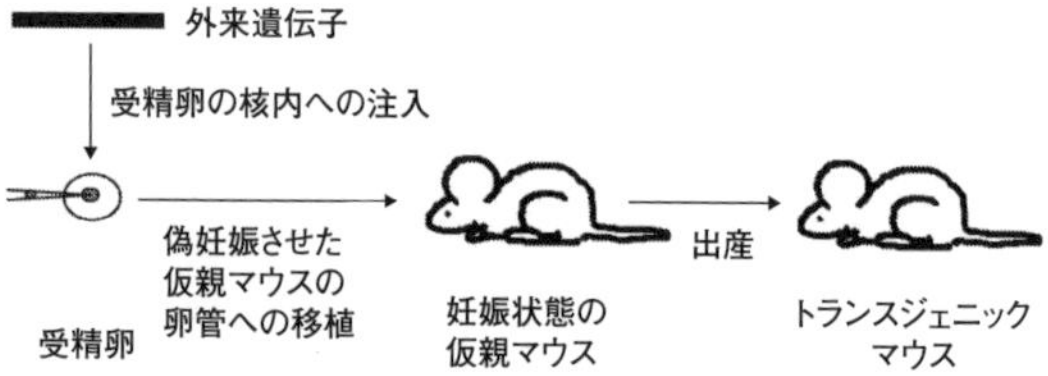

図6　トランスジェニックマウスの作製法

遺伝子の作用を調べるためには、改変された遺伝子が次世代にも受け継がれていき、いつでも実験材料として用いることができなければなりません。そのために、まず試みられたのがマウスの受精卵の核のなかに、極細のガラス針を用いて顕微鏡下で外来遺伝子を注入し、その受精卵を偽妊娠させた仮親マウスの卵管に移植して出産させる方法です（図6）。このようにして作製された遺伝子改変マウスは外来遺伝子が追加されたマウスで、トランスジェニックマウスとよばれます。当初、トランスジェニックマウスの作製例として注目されたのは、マウスの受精卵にラットの成長ホルモンを導入したマウスです。成長ホルモンは脳下垂体の前葉から分泌されるホルモンですが、導入された成長ホルモンの遺伝子は肝臓ではたらくように遺伝子操作がなされていました。その結果、肝臓で大量に合成された成長ホルモンの作用により、通常のマウスの数倍の大きさになり、スーパーマウスとして脚光をあびました[2]。通常、トランスジェニックマウスに追加された遺伝子からはタンパク質が多量に産生するので、個体におけるそのタンパク質のはたらきがよくわかります。

3 ノックアウト（KO）マウス（遺伝子破壊マウス）

特定遺伝子の未知の機能を知るためには、その遺伝子がはたらかないマウスを作製し、そのマウスにどのような異常が現れるかを調べるのがもっとも良い方法です。しかしそのためには、すでに存在している正常な遺伝子を、はたらかないように変異させた遺伝子に入れ換えることが必要です。そのために利用されたのが、配列のよく似た遺伝子どうしが入れ換わる「相同組換え」という現象です。相同組換えはマウスの発生初期の胚から得られるES細胞でも生じます。ES細胞は胚性幹細胞（Embryonic stem cell）の略名で、受精卵と同じようにマウス個体にまで生育する能力があります。このES細胞に、機能がなくなるように変異させた遺伝子を導入すると、相同組換えにより正常な遺伝子と入れ換わります。変異遺伝子を持つES細胞をマウスの胚盤胞に注入し、偽妊

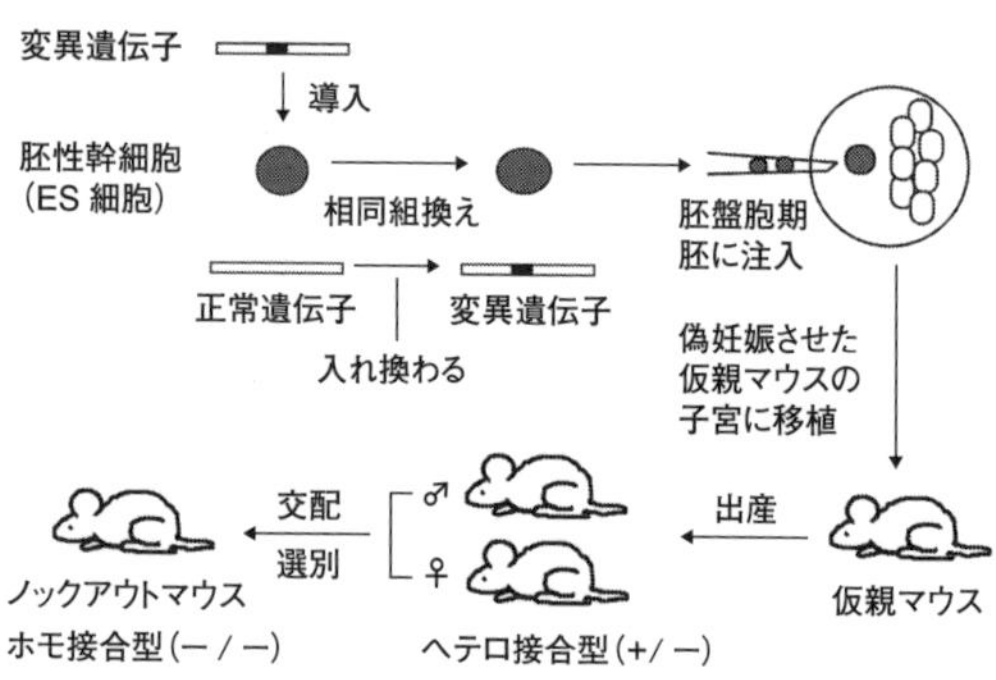

図7　ノックアウトマウスの作製法

娠マウスの子宮に移植すると変異遺伝子を有するマウスが生まれます。遺伝子は1対の相同染色体のそれぞれに存在していますが、生まれたマウスは相同染色体の一方に正常遺伝子が、もう片方に変異遺伝子が存在するヘテロ接合体です。このヘテロ接合体マウスを交配すると、両方の相同染色体に変異遺伝子が存在するホモ接合体マウスが得られます。このホモ接合体マウスが、目的とする遺伝子が機能しないノックアウトマウスです（図7）。

これまでに数多くの遺伝子のノックアウトマウスが作製されています。今ではこうした遺伝子改変マウスを集めたバンクが公的機関に設置されており、研究に必要なノックアウトマウスをこのバンクから入手することができます。

遺伝子操作により作製された頭の良いマウスと悪いマウス

脳の機能としてもっとも重要なものは視覚、聴覚、嗅覚、皮膚感覚などの感覚により得られた情報を記憶・学習することです。怖い、痛い、熱い、寒いなどの苦痛として感じられる刺激は嫌いなものとして認識され、こうした刺激をもたらすものから逃れたいと思います。それは、こうした苦痛をもたらす外部あるいは内部からの刺激に長時間さらされると生命が危険になるからです。したがって、苦痛を感じる刺激を記憶し、どうすればそういう刺激を避けられるかを学習することは生命を守るために必要な脳の機能です。

マウスの学習・記憶能力を調べる方法に「水迷路試験」という試験があります。この試験はスキムミルクなどで白く濁らせて不透明にした水を円形のプールに入れ、その一か所にマウスが乗れる台を設置しておきます。このプールに試験マウスを入れると水が嫌いなマウスは泳ぎ回り、やがて設置された台を見つけてその上に乗ります。マウスをプールのなかに入れることを繰り返すと、マウスは台のある場所を学習し、台を見つける時間が短くなります。台を見つけるまでの時間を測定することによりマウスの学習能

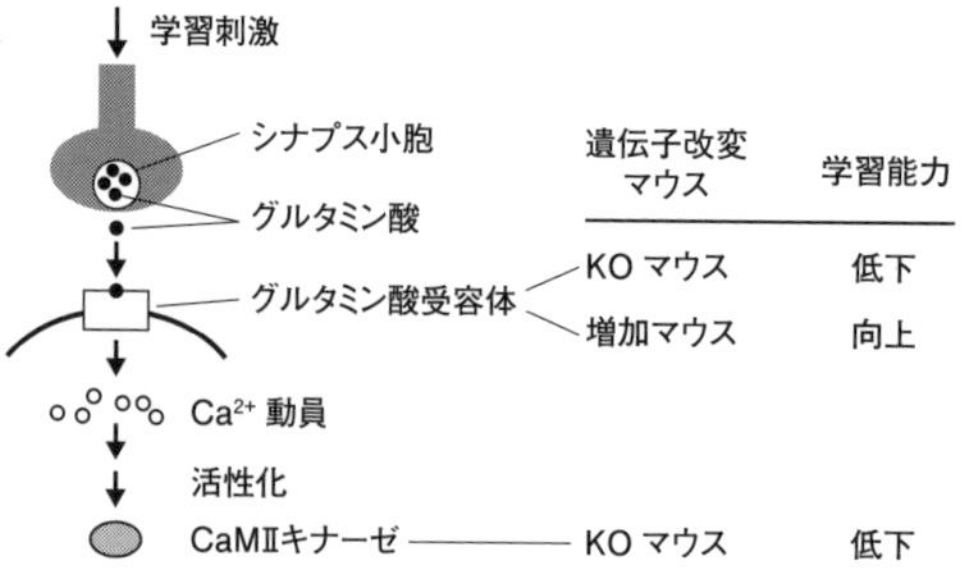

図８　海馬のグルタミン酸受容体経路とマウスの学習能力

力を比較することができます。

グルタミン酸はタンパク質を構成するアミノ酸の一種ですが、脳において神経伝達物質としてもはたらきます。脳に入ってくる新しい情報はまずこの海馬で記憶されたのち、整理されて大脳皮質に記憶されます（図1参照）。したがって海馬が壊れると新しいことが記憶できなくなります。海馬の神経細胞には複数のグルタミン酸受容体が存在しますが、そのなかの1つであるNMDA型グルタミン酸受容体にグルタミン酸が結合すると、神経細胞内にカルシウムイオン（Ca^{2+}）が動員されます。するとCa^{2+}によってカルモジュリンというタンパク質が活性化され、そのカルモジュリンがⅡ型カルモジュリン依存性タンパク質リン酸化酵素（長いのでCaMKⅡと表記）を活性化します（図8）。このグルタミン酸－NMDA型受容体－CaMKⅡの経路が記憶に関与していると考えられていました。このことを証明するため、1992年に米国のマサチューセッツ工科大学の利根川進博士のグループが、CaMKⅡの遺伝子をノックアウトしたマウスを作製したところ、そのマウスの学習能力は通常のマウスより劣っていました[3]。この研究結果は学習能力に関与する遺伝子を特定しただけではなく、遺伝子操作により学習能力を変えることができるということを示す画期的なものでした。利根川進博士は免疫グロブリンの遺伝子の研究で、日本人として最初にノーベル生理学・医学賞を受賞しましたが、脳の機能の研究においてもすばらしい業績を挙げています。その後、1995年に新潟大学脳研究所の﨑村建司博士のグループによりNMDA型グルタミン酸受容体のノックアウトマウスが作製され、そのマウスの学習能力は劣っていることが証明されました[4]。さらに1999年には米国のジョー・チェン博士のグループにより、NMDA型グルタミン酸受容体が過剰に発現するトランスジェニックマウスが作製され、そのマウスの学習能力は期待どおり通常のマウスより優れていました[5]。この学習能力に優れたマウスはドギーという名前がつけられ、遺伝子操作により作製された天才マウスとして有名になりました。遺伝子操作により学習能力を変えることができるという先駆的研究は学習能力が劣るマウスの作製でしたが、世間的には学習能力に優れたマウスの作製が注目を浴びました。

学習に関与する因子はほかにも多数存在します。特にヒトでは、情報を統合して判断する知性と理性を司る大脳新皮質が発達しており、学習のしくみも複雑です。しかし、遺伝子改変技術は急速な進歩を遂げており、後述のように遺伝子の情報を人為的に編集することができるようになっています。いずれ人間の知能を操作できる時代がくるかもしれません。

食欲と遺伝子

動物は食物を食べて栄養を補給しなければ生命を維持することができません。したがって食欲は生きるために必要な欲求であり、空腹のときほど食欲が強くなり、満腹になるにつれて弱くなります。このように食欲が適度に調節されていることにより身体の状態が正常に保たれています。動物が地球の自然のなかで生存し続けてきた過程においては食糧が常に獲られるという状況は少なく、いかに食糧を獲得し餓えから身を守るかということが重要でした。したがって「食欲」が生存するための強い欲求として備わっています。ヒトは農耕や牧畜などにより食糧を確保し、保存しておくことで餓えを回避できるようになりました。しかし、たとえ食糧不足の状況ではなくなっても、美味しい食べものが目の前にあると食欲を抑えられず過食をしてしまいます。一般に、美味しいと感じる食べものには身体のエネルギー源となる糖や脂肪が多く含まれ、過剰に摂取された糖や脂肪はグリコーゲンや脂肪として貯蔵されます。脂肪が体内に過剰に蓄積されると肥満となり、高血圧や糖尿病のリスクが高くなります。

〝腹八分に医者いらず〟ということわざがあるように、食べ過ぎるのはからだに良くないとわかっていても食欲を抑えるのは難しいものです。食欲を制御する部位は脳の視床下部という領域に存在し、食欲を強める中枢を「摂食中枢」、弱める中枢を「満腹中枢」と言います。肥満という問題を解決するためには、これらの中枢における食欲を制御するしくみを解明することが必要です。

1　食欲抑制ホルモン - レプチン

実験動物のマウスにおいて、遺伝的に肥満になってしまう2つの系統、*ob/ob* マウスと*db/db*マウスが知られています。いずれのマウスも遺伝子操作によって作製されたマウスではなく、その原因遺伝子が何であるかは長い間不明でした。しかし遺伝子解析技術の進歩により、*ob/ob*マウスの原因遺伝子が特定され、その遺伝子により作製されるタンパク質は「レプチン」と命名されました。レプチンは満腹中枢の神経細胞に作用して食欲の抑制にはたらくタンパク質ですが、その遺伝子に異常がある*ob/ob*マウスは機能のあるレプチンタンパク質をつくれないため、食欲の抑制ができずに肥満になります。通常、脳に作用する物質は神経伝達物質として脳で合成されていることが多いのですが、驚いたことにレプチンは脂肪細胞で合成されるタンパク質ホルモンであることがわかりました。脂肪細胞で合成され、血液中に分泌されたレプチンが脳の満腹中枢の神経細胞に作用すると食欲が抑えられます（図9左）。余った栄養分を脂肪として貯蔵している脂肪細胞がレプチンを産生し、脳に作用して食欲を抑制するのは合理的なしくみです。

また、*db/db*マウスの原因遺伝子も特定され、レプチン受容体の遺伝子であることがわかりました。レプチン受容体タンパク質は満腹中枢の神経細胞に存在し、レプチンが結合すると満腹感をもたらす神経細胞が活性化され、食欲が抑制されます。しかし、

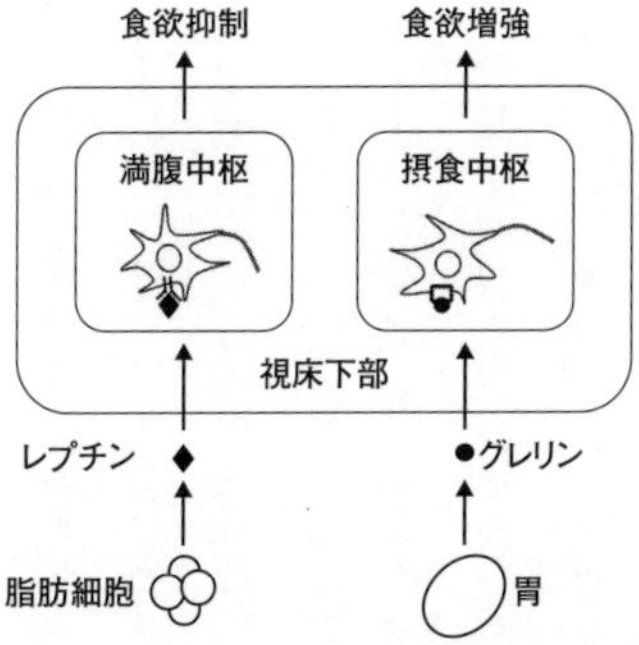

図9　ホルモンの脳への作用による食欲調節

db/db マウスのレプチン受容体遺伝子には異常があるため、機能のある受容体タンパク質ができません。したがって、*db/db* マウスはレプチンをつくることはできますが、その受容体が機能しないため *ob/ob* マウスと同様に肥満になります。

過食が原因の肥満の治療には食欲を抑制するホルモンであるレプチンの補充が有効であると考えられますが、慢性的な過食による肥満の場合には身体がレプチン抵抗性になっていて効果のないことが多く、過食をしないことが最善の治療法です。

2　食欲増強ホルモン - グレリン

成長ホルモンの分泌不全が原因である低身長症の治療には、小児期に成長ホルモンを血液中に補充することが有効です。しかし、成長ホルモンを毎日注射しなければならず、子どもにとってつらいものです。飲み薬として補充できればいいのですが、成長ホルモンはタンパク質であるため、消化管の消化酵素によって分解されてしまいます。そこで成長ホルモンの分泌を促進し、しかも消化酵素により分解されない化合物が化学合成されました。その化合物の作用のしくみの研究過程で化合物が結合する受容体の存在が明らかになり、その受容体に結合する生体内物質の探索が始まりました。そして1999年に国立循環器病研究センターの寒川賢治博士のグループによりその物質が胃から発見され、「グレリン」と命名されました[6]。当初、グレリンは成長ホルモンの分泌を促進する新たなホルモンとして注目されましたが、その後の研究でグレリンに摂食を促進する作用のあることが明らかになり、大きな脚光を浴びました。

胃で産生されたグレリンは脳下垂体前葉のグレリン受容体に作用し、成長ホルモンの分泌を促進します。また、グレリンは胃から脳につながっている迷走神経を伝って脳の視床下部の摂食中枢に作用し食欲を引き起こします（図9右）。胃からのグレリンの分泌は空腹時に増加し、摂食後に減少します。すなわち、空腹時に胃で合成されたグレリンが脳の摂食中枢を刺激して食欲が生じるという合理的なしくみがはたらいています。

子育てホルモン-プロラクチン

哺乳動物は出産直後から子に母乳を与え育てます。母乳は乳房の乳腺でつくられますが、このときに「プロラクチン」というタンパク質ホルモンが必要です。プロラクチンは先に紹介した成長ホルモンと同様に脳下垂体前葉で産生されますが、産生する細胞は異なります。プロラクチンの脳下垂体前葉からの分泌は出産直前から盛んになり、産まれた子が母乳を飲んでいる間は盛んに分泌され、乳腺に作用して母乳を産生させます。また、プロラクチンは脳の視床下部の母性行動の中枢の神経細胞に作用し、母親が赤ちゃんを可愛いと思う気持ちを強くします。すなわちプロラクチンは子育てホルモンとしてはたらきます。

親が子を可愛いと感じ、守り育てることは子孫を残すために必須の行動です。私たちはプロラクチンの子育て行動への関与を立証するために、1997年にプロラクチン遺伝子を破壊したノックアウトマウスを作製しました[7]。また、ほぼ同時期にフランスのグループがプロラクチン受容体遺伝子のノックアウトマウスを作製しました[8]。両ノックアウトマウスともにメスは不妊であるため、母親としての子育て行動を観察すること

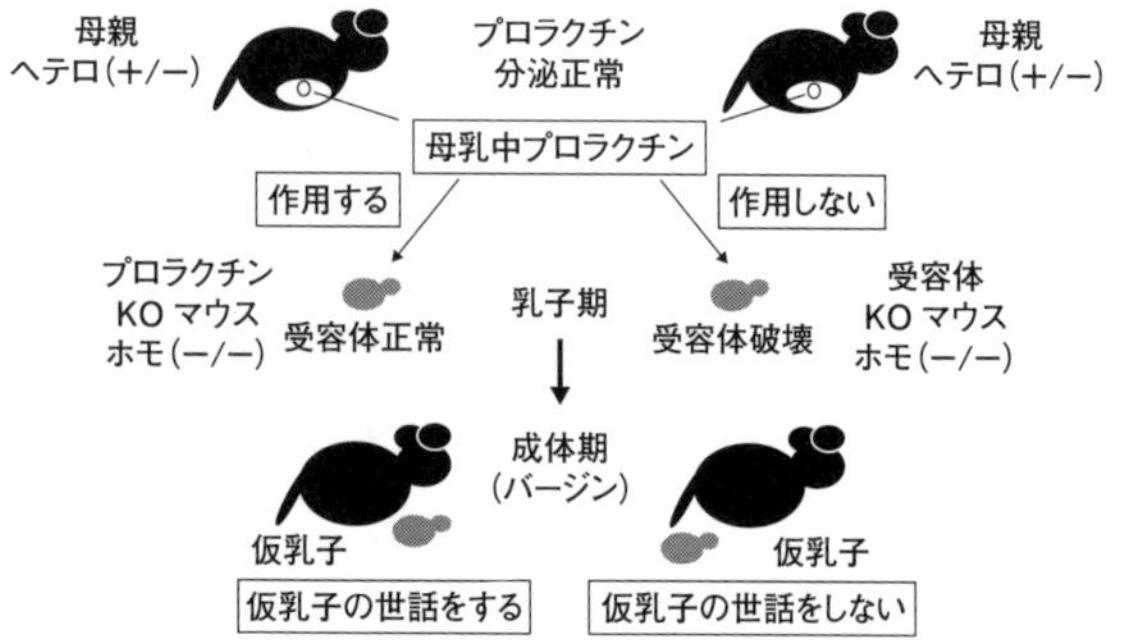

図 10　母乳プロラクチンの乳子期の KO マウスへの作用の相違

はできません。そこで未経産（処女）の両ノックアウトマウスのケージに正常なマウスが産んだ仮子を入れ、仮子に対して世話行動を行うかどうかを観察しました。これは人間で言うベビーシッターのような行動です。その結果、プロラクチンのノックアウトマウスには仮子をくわえ、巣に運び込むという世話行動が観察されたのに対し、プロラクチン受容体のノックアウトマウスには、仮子に対する世話行動は観察されませんでした。

両ノックアウトマウスの仮子に対する世話行動の相反する結果の謎解きをするために、両マウスにおけるプロラクチンの作用の違いについて考えてみましょう。両ノックアウトマウスの母親は1対の遺伝子のうち片方だけがノックアウトされたヘテロ型です。ヘテロ型は不妊ではなく、子を産み、プロラクチンを合成できます。合成されたプロラクチンは血液中だけでなく母乳中にも分泌されます。プロラクチンノックアウトマウスは自身のプロラクチンはつくれませんが、乳児期には母乳中のプロラクチンの作用を受けます。ところが、プロラクチン受容体のノックアウトマウスは受容体がないので、母乳中のプロラクチンも作用しません。この乳児期におけるプロラクチンの作用の相違が、両マウスの成長後の仮子に対する世話行動の有無の原因と考えられます（図10）。このことは、母乳中のプロラクチンが乳児期の脳に作用し、成長後の脳のはたらきに影響することを示唆しています。しかし、この推論はマウスでの実験結果によるものであり、脳の機能が発達した人間において、母乳哺育が良いのか、人工乳哺育が良いのかということの判断材料にするのは早計です。

「信頼感」を強めるホルモン-オキシトシン

先に紹介したプロラクチンは乳腺で母乳を産生するのに必要なホルモンでしたが、オキシトシンは乳首から母乳を射出するのに必要なホルモンです。乳児が母親の乳首を吸うとその刺激が神経伝達により脳の視床下部のオキシトシン産生神経細胞に伝わり、オキシトシンが脳下垂体後葉から血液中に放出されます。ついでオキシトシンは乳腺の筋上皮細胞に作用して収縮させるため、腺房に溜まっていた母乳が乳首から射出し、赤ちゃんが母乳を飲むことができます。また、神経細胞で産生されたオキシトシンは脳内に分泌され、さまざまな作用を引き起こします。オキシトシンが乳首から母乳を射出させる作用は子育てに必須の作用ですが、プロラクチンと同様に脳にも作用して子育て行動とストレス耐性を増強します。さらに、オキシトシンの分泌は愛撫や抱擁といったスキンシップ時に増加するため、愛情ホルモンとよばれたりします。また、東北大学の西森克彦博士のグループにより作製されたオキシトシン受容体のノックアウトマウスの研究から、オキシトシンには社会的関係における信頼感を強める作用のあることも明らかになり[9]、人間においてもオキシトシンをスプレーにより経鼻投与すると、他人への信頼感が増すということが報告され話題になりました[10]。人間社会における政治や経済などの社会活動は他人を信頼することによって成り立っていますので、信頼感をもたらすオキシトシンの作用は社会活動にとって重要なものです。

熱心な子育ては子どもの遺伝子に刷り込まれた「母親の愛」の贈り物

従来、遺伝子は親から子に受け継がれて行くもので、そのはたらきは生得的で、環境によって変わるものではないと考えられていましたが、現在では、生育環境からの刺激が特定遺伝子のはたらきに影響を及ぼすことが明らかになり、こうした現象は「遺伝子刷り込み」(ゲノムインプリンティング)とよばれています。

脳ではたらく遺伝子にもインプリンティングされる遺伝子が見つかっています。その一つはラットの子育ての観察から明らかになったのですが、当初観察された現象は、子の世話を熱心にする母親から産まれた子は、自身が母親になったときに子の世話を熱心にするというものでした。ラットは、繁殖力が強く性格が大人しいなどの性質を持つ個体どうしの交配により、実験動物として適した系統が維持されています。したがって、こうした性質は遺伝子のはたらきによるものとして親から子に受け継がれています。ですから前述の子の世話を熱心にするラットの性質も、遺伝子の性質として親から子に受け継がれていると考えられました。ところが、子の世話に熱心な母親と熱心でない母親の子ラットを入れ替えて育てると、生みの親の性質とは関係なく、子育て熱心な里親に育てられれば自身も子育て熱心な母親になり、逆に子育て不熱心な里親に育てられれば子育て不熱心な母親になることがわかりました[11]。このことは子育てに熱心な性質は遺伝的に受け継がれているものではなく、母親による幼児期の育てられ方が大きく影響していることを示しています。

この現象が詳しく調べられた結果、子育ての熱心さには、脳の海馬に存在するグルココルチコイド受容体の遺伝子のはたらきが影響していることが明らかにされました。グルココルチコイドは副腎皮質でつくられるステロイドホルモンで、その分泌は、まず脳へのストレス刺激により視床下部から副腎皮質刺激ホルモン放出ホルモン（ＣＲＨ）が分泌され、ついでＣＲＨの作用により脳下垂体前葉から副腎皮質刺激ホルモン（ＡＣＴＨ）が分泌され、ＡＣＴＨの作用により副腎皮質からグルココルチコイドが分泌されるという経路で行われます。そしてグルココルチコイドは、エネルギー源であるグルコースの産生の亢進など、ストレスに対処するための生体内機能を高めます。しかし、ホルモン作用が強いので過剰に作用すると細胞の機能を損ねてしまうため、視床下部のストレス応答を適切に調節する必要があります。グルココルチコイドの受容体は脳の海馬の神経細胞にも存在します。グルココルチコイドが海馬の受容体に作用すると視床下部へ

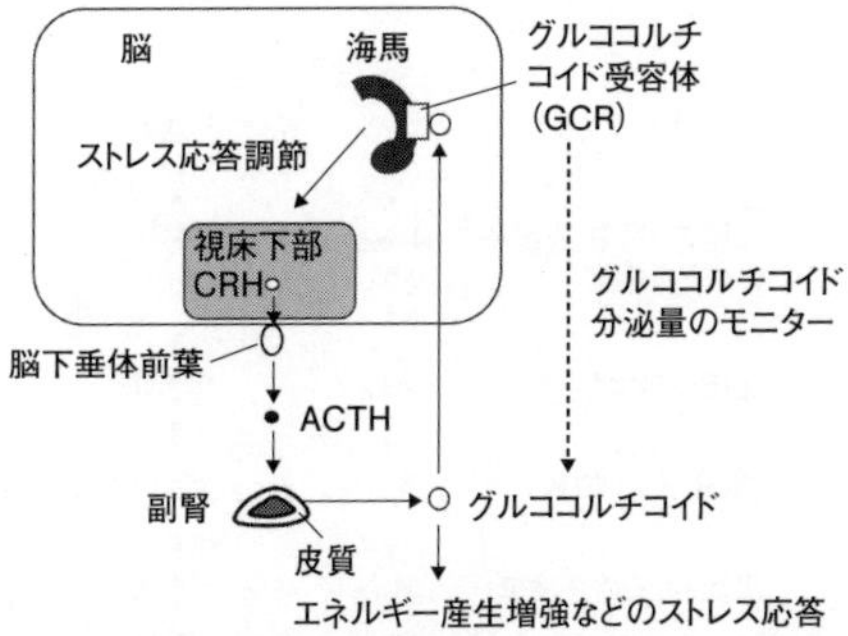

図11　海馬のグルココルチコイド受容体によるストレス応答性の調節
CRH：副腎皮質刺激ホルモン放出ホルモン
ACTH：副腎皮質刺激ホルモン

の神経伝達によりストレス応答が適切に調節されます（図11）。

前述の子育ての熱心さには、海馬のグルココルチコイド受容体の遺伝子のメチル化による刷り込みが関与していました[11]。遺伝子のメチル化とは、DNAの塩基であるシトシンにメチル基（$-CH_3$）が付加される現象です。遺伝子のはたらきはメチル化度が多くなると弱くなり、少なくなると強くなります。ラットの海馬のグルココルチコイド受容体のメチル化度は、幼児期に熱心に世話をされたラットでは少なくなり、遺伝子のはたらきが強くなって受容体タンパク質が多く産生されます。すると受容体からのシグナルにより視床下部からのストレス応答が適切に調節されます。その結果、ラットのストレス抵抗性が強くなり、

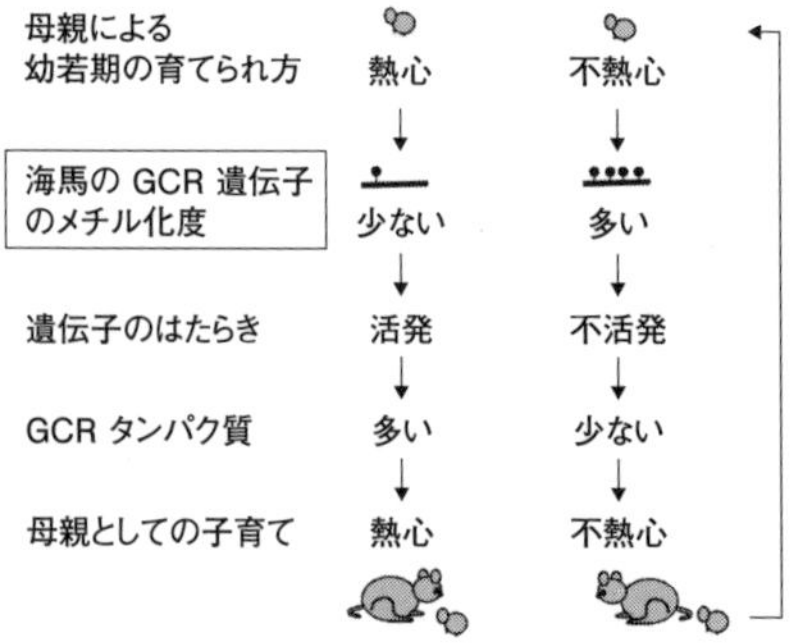

図 12　幼若期の育てられ方の遺伝子への刷り込み

自身が母親になったときに子育てを熱心にするようになります。一方、幼児期に熱心に世話をされなかったラットでは、グルココルチコイド受容体遺伝子のメチル化度が多いままのため、遺伝子のはたらきが悪く、受容体の数が少なくなります。その結果、視床下部からのストレス応答が過敏になり、母親になったときの子育てを熱心に行わなくなったと説明されます（図12）。つまり、熱心な子育ては、子の遺伝子に刷り込まれた「母親の愛」の贈り物なのです。

iPS細胞による神経機能障害の再生医療

分化して役割の決まった細胞は受精卵やES細胞のような生殖細胞に戻すことはできないと思わ

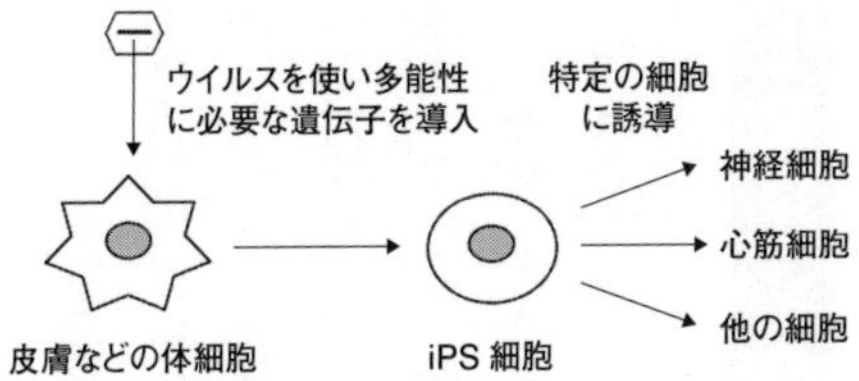

図 13　iPS 細胞の作製法

れていました。ところが２００６年に京都大学の山中伸弥博士のグループが、培養したマウスの皮膚の細胞に４種類の遺伝子を導入することにより、ES細胞のような分化万能性を有する細胞に変化させることに成功しました[12]。この細胞は人工多能性幹細胞の英語表記:induced pluripotent stem cellの頭文字を取って、iPS細胞と名づけられました。iPS細胞は培養条件を工夫することにより、神経細胞や心筋細胞などの種々の細胞に分化させることができます（図13）。山中博士はiPS細胞の業績により２０１２年にノーベル生理学・医学賞を受賞しました。

　事故や病気などで特定の臓器の機能が損なわれてしまった場合に、iPS細胞をその臓器の細胞に分化させ、損傷を受けた箇所に移植して治療する方法が考えられます。こうした医療は再生医療とよばれます。臓器の移植の場合に他人の臓器を移植すると免疫系による拒絶反応の生じることが大きな問題となります。しかしｉＰＳ細胞による再生医療の場合には、治療を受ける本人の皮膚などの細胞からつくられたｉＰＳ細胞を移植できるため、拒絶反応の心配はなくなります。最近、脊椎を損傷して歩行が困難になったマウスの脊髄にｉＰＳ細胞由来の神経幹細胞を移植する再生医療が試みられ、症状の改善が見られたことが紹介されました。また、ヒトの目の網膜の疾患に対する世界初のｉＰＳ細胞による治療の臨床研究もすでに行われています。人を対象としたｉＰＳ細胞による再生医療は安全性の検証が必要ですが、今後は細胞のレベルでの移植にとどまらず臓器そのものを再生して移植する医療技術へと発展していくことが予想されます。

ゲノム編集－革命的遺伝子改変技術

２０１２年にスウェーデンのウメオ大学のエマニュエル・シャルパンティエ博士と米国のカリフォルニア大学のジェニファー・ダウドナ博士の研究グループにより、クリスパー・キャス9という画期的な遺伝子組換え技術の論文がサイエンス誌に発表されました[13]。従来の遺伝子組換え技術によりトランスジェニックマウスやノックアウトマウスのような遺伝子改変動物を作製するには、高度な専門的技術と長い時間を必要としました。ところが新しく開発されたクリスパー・キャス9を用いれば、ある程度の遺伝子を扱う技術があれば、短期間に目的遺伝子を改変した動物を作製することができます。しかもこの技術は昆虫、魚、家畜、ヒトなどの種々の動物に有効であることが立証されています。

クリスパー・キャス9は、キャス9というDNA分解酵素と任意の塩基配列を有するガイドRNAの複合体です。ガイドRNAの塩基配列を切断したい遺伝子の配列と相補的な配列にデザインしたクリスパー・キャス9を動物細胞に導入すると、ガイドRNAが結合した部分で遺伝子DNAの2本鎖をキャス9が切断してしまいます（図14）。切断後にDNA鎖は再び結合しますが、そのときに変異を導入すれば遺伝子がノックアウトされた状態になります。また、別の遺伝子を挿入することもできます。すなわち、パソコンで文章をカットアンドペーストして編集するように、特定の遺伝子を切り取って別の遺伝子と置き換えるといったゲノムの編集が簡単にできるようになったのです。

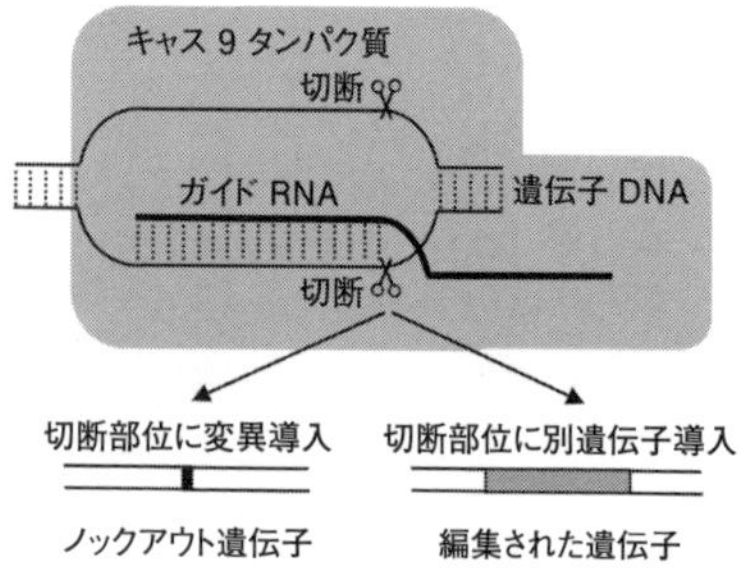

図 14　クリスパー・キャス９によるゲノム編集

クリスパー・キャス９によるゲノム編集は、生命の設計図を書き換える技術であり、さまざまな分野に計り知れない影響を及ぼすことが予想されます。この技術の人間への適用には安全性の検証と倫理的問題の議論が必要ですが、脳神経系の疾患であるアルツハイマー病やパーキンソン病などの原因遺伝子の解明や治療などに役立つと期待されます。一方で、生殖細胞の段階で、学習能力や運動能力などが向上するように遺伝子が改変され、いわゆるデザイナーベイビーが誕生する可能性もあります。

おわりに

21世紀はバイオとIT（Information Technology：情報技術）の時代と言われています。ITの発展は、スマートフォンの普及、車の自動運転、人工知能を持つロボットの開発など、日常生活の中で実感できます。一方、本章で紹介してきたバイオ技術の発展は、日常生活においては実感しにくいものです。しかし、いまやバイオ分野の遺伝子改変技術は、脳の機能に関わる遺伝子を改変することが可能なところまで発展しており、誰もが関心を持たざるを得ない状況になりつつあります。本章を読まれた方が、バイオ技術に関心を深めていただければ幸いです。

参考文献

1 Saiki RK et al.: Science, 239: 487-491, 1988.
2 Palmiter RD et al.: Biotechnology, 24: 429-433, 1992.
3 Silva AJ et al.: Science, 257: 206-211, 1992.
4 Sakimura K et al.: Nature, 373: 151-155, 1995.

5 Tang YP et al.: Nature, 401: 63-69, 1999.
6 Kojima M et al.: Nature, 402: 656-660, 1999.
7 Horseman ND et al.: EMBO Journal, 16: 6926-6935, 1997.
8 Ormandy CJ et al.: Genes and Development, 11: 167-178, 1997.
9 Takayanagi Y et al.: Proceeding of National Academy of Science USA, 102: 16096-16101, 2005.
10 Kosfeld M et al.: Nature, 435: 673-676, 2005.
11 Weaver IC1 et al.: Nature Neuroscience, 7:847-854, 2004.
12 Takahashi K et al.: Cell, 126: 663-676, 2006.
13 Jinek M et al.: Science, 337: 816-821, 2012.

文《むん》 彰鍾《ちゃんじょん》

全南大学校獣医科大学教授、獣医科大学ＢＫ21プラス教育研究事業団長

１９７２年韓国済州道生まれ。済州大学大学院獣医学研究科修士課程修了。琉球大学大学院医学研究科博士課程修了。医学博士。全南大学校獣医科大学准教授を経て２００６年８月より現職。２００５〜０６年、ミシガン州立大学、２００８年、日本獣医生命科学大学、２０１１年、琉球大学に留学。２０１４〜１５年、ミシガン州立大学客員教授。専門は、獣医解剖学、脳神経科学、動物行動学。

斎藤 徹

日本獣医生命科学大学名誉教授

１９４８年三重県生まれ。日本獣医畜産大学大学院獣医学研究科修了。獣医師。獣医学博士。（財）残留農薬研究所毒性部室長、杏林大学医学部講師、群馬大学医学部非常勤講師、日本獣医畜産大学獣医学部助教授、教授を経て２０１４年４月より現職。日本アンドロロジー学会名誉会員、日本実験動物学会生涯実験動物医学専門医、日本実験動物協会実験動物技術指導員、早稲田大学動物実験審査委員会専門委員、ＮＰＯ法人小笠原在来生物保護協会副理事長。１９８３〜８６年、米国立衛生研究所（ＮＩＨ）、シカゴ大学、１９９７〜９８年、カロリンスカ研究所に留学。専門は行動神経内分泌学。現在、瀋陽薬科大学客員教授、内蒙古農業大学招聘教授、学校法人食糧学院非常勤講師など。著書に『母性と父性の人間科学』（共著、コロナ社）、『脳の性分化』（共著、裳華房）、『脳とホルモンの行動学』（共著、西村書店）、『実験動物学』（共著、朝倉書店）、『実験動物の技術と応用（入門編、実践編）』（編集、アドスリー）、『猫の行動学』（監訳、インターズー）、『Prolactin』（共著、InTech）など。

田中　実

日本獣医生命科学大学名誉教授

１９５０年三重県生まれ。三重大学大学院農学研究科修士課程修了。医学博士。三重大学医学部助手、講師、助教授、日本獣医生命科学大学応用生命科学部教授を経て２０１５年４月より現職。１９８６年９月〜１９８８年８月、米国エール大学に留学。専門は神経内分泌学、分子生物学、生化学。現在、Frontiers Veterinary Science誌Associate Editor、学校法人食糧学院非常勤講師。著書に、『母性をめぐる生物学』（共著、アドスリー）、『ストレスをめぐる生物学』（共著、アドスリー）、『人間動物関係論』（共著、養賢堂）。

神経をめぐる生物学

2020年7月10日　初版発行
斎藤 徹　編著

発　行　株式会社アドスリー
〒164-0003　東京都中野区東中野4-27-37
T E L：03-5925-2840
F A X：03-5925-2913
E-mail：principle@adthree.com
U R L：https://www.adthree.com

発　売　丸善出版株式会社
〒101-0051　東京都千代田区神田神保町2-17
神田神保町ビル6F
T E L：03-3512-3256
F A X：03-3512-3270
U R L：https://www.maruzen-publishing.co.jp

印刷製本　日経印刷株式会社

ISBN978-4-904419-94-6 C1045